점프 왕수학

최상위 5%
도약을 위한

수학

최상위

KMA
한국수학학력평가

평가 일시 : 매년 상반기 6월, 하반기 11월 실시

참가 대상	초등 1학년 ~ 중등 3학년 (상급학년 응시가능)
신청 방법	1) KMA 홈페이지에서 온라인 접수 2) 해당지역 KMA 학원 접수처 3) 기타 문의 ☎ 070-4861-4832
홈페이지	www.kma-e.com

※ 상세한 내용은 홈페이지에서 확인해 주세요.

주 최 | 한국수학학력평가 연구원   주 관 | ㈜에듀왕

KMA 대비서

JUMP
점프왕수학

최상위

4·2

구성과 특징

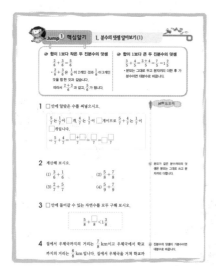

Jump 1 핵심알기

단원의 핵심 내용을 요약한 뒤 각 단원에 직접 연관된 정통적인 문제와 기본 원리를 묻는 문제들로 구성하고 'Jump 도우미'를 주어 기초를 확실하게 다지도록 하였습니다.

Jump 2 핵심응용하기

단원의 대표 유형 문제를 뽑아 풀이에 맞게 풀어 본 후, 확인 문제로 대표적인 유형을 확실하게 정복할 수 있도록 하였습니다.

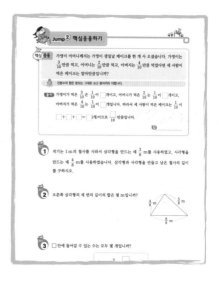

Jump 3 왕문제

교과 내용 또는 교과서 밖에서 다루어지는 새로운 유형의 문제들을 폭넓게 다루어 교내의 각종 고사 및 경시대회에 대비하도록 하였습니다.

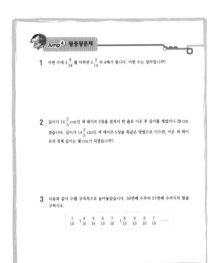

Jump 4 왕중왕문제

국내 최고 수준의 고난이도 문제들 특히 문제해결력 수준을 평가할 수 있는 양질의 문제만을 엄선하여 전국 경시대회, 세계수학올림피아드 등 수준 높은 대회에 나가서도 두려움 없이 문제를 풀 수 있게 하였습니다.

Jump 5 영재교육원 입시대비문제

영재교육원 입시에 대한 기출문제를 비교 분석한 후 꼭 필요한 문제들을 정리하여 풀어 봄으로써 실전과 같은 연습을 통해 학생들의 창의적 사고력을 향상시켜 실제 문제에 대비할 수 있게 하였습니다.

1. 이 책은 최근 11년 동안 연속하여 전국 수학 경시대회 대상 수상자를 지도 배출한 박명전 선생님이 집필하였습니다. 세계적인 기록이 될만큼 많은 수학왕을 키워온 박 선생님의 점프 왕수학은 각종 시험 및 경시대회를 준비하는 예비 수학왕들의 필독서입니다.

2. 문제 해결 과정을 통해 원리와 개념을 이해하고 교과서 수준의 문제뿐만 아니라 사고력과 창의력을 필요로 하는 새로운 경향의 문제들까지 폭넓게 다루었습니다.

3. 교육과정 개정에 맞게 교재를 구성했으며 단계별 학습이 가능하도록 하였습니다.

차례

떡돌아이
김XX
조XX
박XX

jump

분수의 덧셈과 뺄셈

이야기 수학

✳ 똑같이 나누기

영수네 가족은 3형제입니다. 어머니께서는 시장에서 돌아오시는 길에 긴 엿가락 5개를 사 오셔서 3명이 똑같이 나누어 먹으라고 하셨습니다.

머리가 좋은 영수는 엿가락 5개를 똑같이 3명이 나누어 갖는 방법을 생각해 냈습니다.

〈방법 1〉 먼저 1개씩 나누어 가진 후 남은 엿가락 2개를 각각 반으로 나누어 반개씩 나누어 가집니다. 그런 다음 나머지를 똑같이 3으로 나누어 가지면 됩니다.

〈방법 2〉 각각의 엿을 똑같이 3조각으로 나누면 15조각이 되는데 이것을 한 사람당 5조각씩 나누어 가집니다.

여러분이면 어떻게 나누어 가졌을까요?

🏀 합이 1보다 작은 두 진분수의 덧셈

$$\frac{2}{6}+\frac{3}{6}=\frac{5}{6}$$

• $\frac{2}{6}+\frac{3}{6}$은 $\frac{1}{6}$이 2개인 것과 $\frac{1}{6}$이 3개인 것을 합한 것과 같습니다.

따라서 $\frac{2+3}{6}$과 같고, $\frac{5}{6}$가 됩니다.

🏀 합이 1보다 큰 두 진분수의 덧셈

$$\frac{3}{5}+\frac{4}{5}=\frac{3+4}{5}=\frac{7}{5}=1\frac{2}{5}$$

• 분모는 그대로 두고 분자끼리 더한 후 가분수이면 대분수로 바꿉니다.

Jump 도우미

1 □ 안에 알맞은 수를 써넣으시오.

$\frac{5}{7}$는 $\frac{1}{7}$이 □개, $\frac{4}{7}$는 $\frac{1}{7}$이 □개이므로 $\frac{5}{7}+\frac{4}{7}$는 $\frac{1}{7}$이 □개입니다.

➡ $\frac{5}{7}+\frac{4}{7}=\dfrac{\square+\square}{7}=\dfrac{\square}{7}=\square\dfrac{\square}{7}$

2 계산해 보시오.

(1) $\frac{3}{6}+\frac{1}{6}$

(2) $\frac{5}{8}+\frac{7}{8}$

(3) $\frac{2}{7}+\frac{5}{7}$

(4) $\frac{5}{9}+\frac{7}{9}$

② 분모가 같은 분수끼리의 덧셈은 분모는 그대로 쓰고 분자끼리 더합니다.

3 □ 안에 들어갈 수 있는 자연수를 모두 구해 보시오.

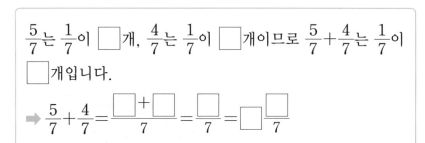

$$\frac{5}{8}+\frac{\square}{8}<1\frac{3}{8}$$

4 집에서 우체국까지의 거리는 $\frac{7}{8}$ km이고 우체국에서 학교까지의 거리는 $\frac{6}{8}$ km입니다. 집에서 우체국을 거쳐 학교까지 가려면 몇 km를 가야 합니까?

④ 진분수의 덧셈이 가분수이면 대분수로 바꿉니다.

핵심 응용   가영이 어머니께서는 가영이 생일날 케이크를 한 개 사 오셨습니다. 가영이는 $\frac{3}{10}$ 만큼 먹고, 어머니는 $\frac{2}{10}$ 만큼 먹고, 아버지는 $\frac{4}{10}$ 만큼 먹었다면 세 사람이 먹은 케이크는 얼마만큼입니까?

생각 열기   진분수의 합은 분모는 그대로 쓰고 분자끼리 더합니다.

풀이   가영이가 먹은 $\frac{3}{10}$ 은 $\frac{1}{10}$ 이 $\square$ 개이고, 어머니가 먹은 $\frac{2}{10}$ 는 $\frac{1}{10}$ 이 $\square$ 개이고, 아버지가 먹은 $\frac{4}{10}$ 는 $\frac{1}{10}$ 이 $\square$ 개입니다. 따라서 세 사람이 먹은 케이크는 $\frac{1}{10}$ 이

$\square + \square + \square = \square$ (개)이므로 $\frac{\square}{10}$ 만큼입니다.

 답 _____

1 석기는 1 m의 철사를 사와서 삼각형을 만드는 데 $\frac{3}{8}$ m를 사용하였고, 사각형을 만드는 데 $\frac{4}{8}$ m를 사용하였습니다. 삼각형과 사각형을 만들고 남은 철사의 길이를 구하시오.

2 오른쪽 삼각형의 세 변의 길이의 합은 몇 m입니까?

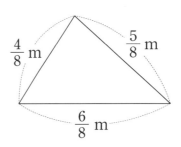

3 $\square$ 안에 들어갈 수 있는 수는 모두 몇 개입니까?

$$1 < \frac{5}{12} + \frac{\square}{12} < 2$$

Jump ① 핵심알기　　2. 분수의 뺄셈 알아보기(1)

◎ 두 진분수의 차 알아보기

$$\frac{7}{8} - \frac{4}{8} = \frac{7-4}{8} = \frac{3}{8}$$

- $\frac{7}{8}$ 은 $\frac{1}{8}$ 이 7개, $\frac{4}{8}$ 는 $\frac{1}{8}$ 이 4개이므로 $\frac{7}{8}$ 은 $\frac{4}{8}$ 보다 $\frac{1}{8}$ 이 3개 더 많습니다.

- 분모는 그대로 두고 분자끼리 뺍니다.

◎ 1−(진분수)의 계산 알아보기

$$1 - \frac{2}{5} = \frac{5}{5} - \frac{2}{5} = \frac{5-2}{5} = \frac{3}{5}$$

- 1은 $\frac{1}{5}$ 이 5개이고 $\frac{2}{5}$ 는 $\frac{1}{5}$ 이 2개이므로 1은 $\frac{2}{5}$ 보다 $\frac{1}{5}$ 이 3개 더 많습니다.

- $1 - \frac{2}{5}$ 는 $\frac{1}{5}$ 이 3개이므로 $\frac{3}{5}$ 입니다.

1 계산해 보시오.

(1) $\frac{5}{7} - \frac{3}{7}$　　　　　　(2) $1 - \frac{2}{9}$

> ⑦ 1−(진분수)의 계산은 먼저 1을 진분수의 분모와 같은 수를 분모와 분자로 하는 가분수로 고친 후 계산합니다.

2 분모가 12인 진분수가 2개 있습니다. 두 진분수의 합이 $\frac{10}{12}$ 이고 차가 $\frac{4}{12}$ 일 때 두 진분수를 구하시오.

3 ○ 안에 >, =, <를 알맞게 써넣으시오.

$$\frac{9}{12} - \frac{2}{12} \bigcirc 1 - \frac{7}{12}$$

4 집에서 학교까지의 거리는 $\frac{5}{8}$ km이고 집에서 우체국까지의 거리는 1 km입니다. 집에서 우체국까지의 거리는 집에서 학교까지의 거리보다 얼마나 더 멉니까?

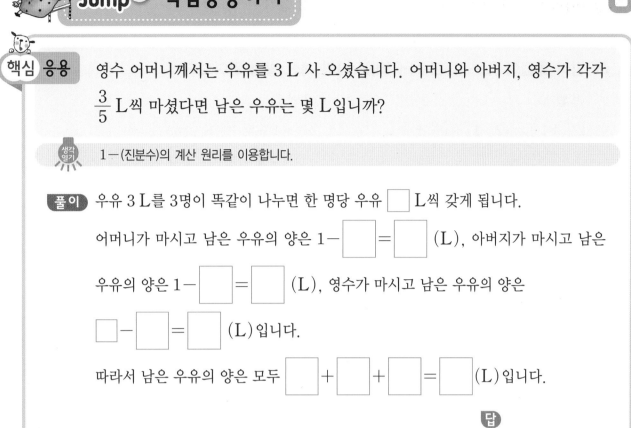

핵심 응용 영수 어머니께서는 우유를 3 L 사 오셨습니다. 어머니와 아버지, 영수가 각각 $\frac{3}{5}$ L씩 마셨다면 남은 우유는 몇 L입니까?

생각 열기 1−(진분수)의 계산 원리를 이용합니다.

풀이 우유 3 L를 3명이 똑같이 나누면 한 명당 우유 ☐ L씩 갖게 됩니다.

어머니가 마시고 남은 우유의 양은 1− ☐ = ☐ (L), 아버지가 마시고 남은

우유의 양은 1− ☐ = ☐ (L), 영수가 마시고 남은 우유의 양은

☐ − ☐ = ☐ (L)입니다.

따라서 남은 우유의 양은 모두 ☐ + ☐ + ☐ = ☐ (L)입니다.

답 _____

1 분모가 16인 진분수 중에서 세 번째로 큰 분수와 두 번째로 작은 분수의 차를 구하시오.

2 어떤 수에서 $\frac{4}{9}$ 를 빼야 할 것을 잘못하여 더했더니 1이 되었습니다. 바르게 계산하면 얼마입니까?

3 주어진 5장의 숫자 카드 중에서 2장을 뽑아 만들 수 있는 가장 큰 진분수와 가장 작은 진분수의 차를 구하시오.

2 3 5 8 9

● **받아 올림이 있는 (대분수)+(대분수)의 계산 방법 알아보기**

〈방법 1〉

$$2\frac{3}{4}+1\frac{2}{4}=(2+1)+\left(\frac{3}{4}+\frac{2}{4}\right)$$
$$=3+\frac{5}{4}=3+1\frac{1}{4}=4\frac{1}{4}$$

• 자연수는 자연수끼리 더하고 진분수는 진분수끼리 더한 후 합을 구합니다.

〈방법 2〉

$$2\frac{3}{4}+1\frac{2}{4}=\frac{11}{4}+\frac{6}{4}=\frac{17}{4}=4\frac{1}{4}$$

• 대분수를 가분수로 고쳐 계산한 후 가분수를 대분수로 나타냅니다.

Jump 도우미

1 □ 안에 들어갈 수 있는 자연수를 구하시오.

$$1\frac{3}{8}+2\frac{\square}{8}=4\frac{1}{8}$$

① 대분수를 가분수로 고친 다음 분자의 크기를 비교합니다.

2 가장 큰 분수와 가장 작은 분수의 합을 구하시오.

$$5\frac{4}{7} \qquad 3\frac{6}{7} \qquad 4\frac{5}{7}$$

② 먼저 대분수의 크기를 비교해 봅니다.

3 땅에서 한별이네 집의 2층 바닥까지의 높이는 $4\frac{6}{8}$ m이고 2층 바닥에서 3층 바닥까지의 높이는 $3\frac{5}{8}$ m입니다. 땅에서 한별이네 집의 3층 바닥까지의 높이는 몇 m입니까?

4 느티나무가 2년 동안 $2\frac{7}{10}$ m 자랐고 그 후 1년 동안 $1\frac{5}{10}$ m 더 자랐습니다. 느티나무가 3년 동안 자란 높이는 모두 몇 m 입니까?

 핵심 응용 오른쪽 그림과 같은 정삼각형과 정사각형이 있습니다. 정삼각형과 정사각형의 둘레의 합을 구하시오.

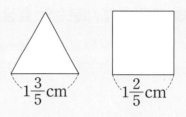

생각
열기 정삼각형은 세 변의 길이가 모두 같고 정사각형은 네 변의 길이가 모두 같습니다.

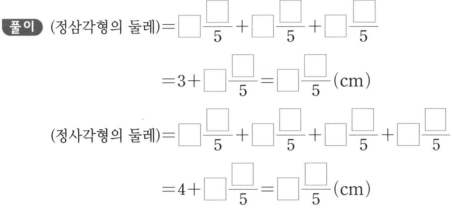

풀이 (정삼각형의 둘레)$=\boxed{}\dfrac{\boxed{}}{5}+\boxed{}\dfrac{\boxed{}}{5}+\boxed{}\dfrac{\boxed{}}{5}$

$=3+\boxed{}\dfrac{\boxed{}}{5}=\boxed{}\dfrac{\boxed{}}{5}$ (cm)

(정사각형의 둘레)$=\boxed{}\dfrac{\boxed{}}{5}+\boxed{}\dfrac{\boxed{}}{5}+\boxed{}\dfrac{\boxed{}}{5}+\boxed{}\dfrac{\boxed{}}{5}$

$=4+\boxed{}\dfrac{\boxed{}}{5}=\boxed{}\dfrac{\boxed{}}{5}$ (cm)

따라서 정삼각형과 정사각형의 둘레의 합은

$\boxed{}\dfrac{\boxed{}}{5}+\boxed{}\dfrac{\boxed{}}{5}=\boxed{}+\dfrac{\boxed{}}{5}=\boxed{}\dfrac{\boxed{}}{5}$ (cm)입니다.

답 _____

 확인 1 가영이의 몸무게는 $42\dfrac{14}{20}$ kg입니다. 한솔이는 가영이보다 $1\dfrac{9}{20}$ kg 더 무겁고 규형이는 한솔이보다 $1\dfrac{16}{20}$ kg 더 무겁습니다. 규형이의 몸무게는 몇 kg입니까?

 확인 2 지혜는 위인전을 어제는 $2\dfrac{2}{6}$시간, 오늘은 $3\dfrac{5}{6}$시간 동안 읽었습니다. $\dfrac{1}{6}$시간 동안 5쪽씩 읽었다면, 지혜가 어제와 오늘 읽은 위인전은 모두 몇 쪽입니까?

4. 분수의 뺄셈 알아보기(2)

◉ 자연수와 대분수의 뺄셈

• 자연수에서 1만큼을 가분수로 만들어 자연수는 자연수끼리, 분수는 분수끼리 뺍니다.

$$2-1\frac{1}{3}=1\frac{3}{3}-1\frac{1}{3}$$
$$=(1-1)+(\frac{3}{3}-\frac{1}{3})=\frac{2}{3}$$

• 두 수를 모두 가분수로 바꾸어 분자끼리 뺍니다.

$$2-1\frac{1}{3}=\frac{6}{3}-\frac{4}{3}=\frac{2}{3}$$

◉ 분모가 같은 대분수의 뺄셈

분수 부분끼리 뺄 수 없을 때에는 빼지는 분수의 자연수에서 1만큼을 가분수로 만들어 자연수는 자연수끼리, 분수는 분수끼리 뺍니다.

$$2\frac{1}{4}-1\frac{2}{4}=1\frac{5}{4}-1\frac{2}{4}$$
$$=(1-1)+(\frac{5}{4}-\frac{2}{4})=\frac{3}{4}$$

1 빈 곳에 알맞은 분수를 써넣으시오.

(1)

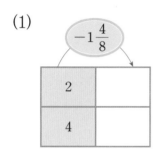

(2)

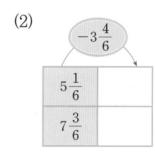

2 계산 결과를 비교하여 ○ 안에 >, =, <를 알맞게 써넣으시오.

$$13\frac{7}{16}-5\frac{9}{16} \bigcirc 4\frac{12}{16}+3\frac{5}{16}$$

3 주스가 3 L 있었습니다. 한초가 $1\frac{5}{8}$ L를 마시고 나머지는 형이 마셨습니다. 형이 마신 주스의 양은 몇 L입니까?

4 영수와 웅이가 100 m 달리기를 하였습니다. 100 m를 영수는 $13\frac{4}{5}$초에 달렸고 웅이는 $15\frac{1}{5}$초에 달렸습니다. 누가 몇 초 더 빨리 달렸습니까?

④ 시간이 적게 걸린 사람이 더 빠릅니다.

핵심 응용 신영이와 석기는 미술 시간에 찰흙으로 전통 탈을 만들었습니다. 찰흙을 신영이는 8 kg 중에서 $5\frac{9}{16}$ kg을 사용하였고 석기는 $6\frac{5}{16}$ kg 중에서 $3\frac{11}{16}$ kg을 사용하였습니다. 남은 찰흙은 누가 몇 kg 더 많습니까?

생각열기 먼저 신영이와 석기가 사용하고 남은 찰흙을 각각 알아봅니다.

풀이 (신영이가 사용하고 남은 찰흙)$=8-5\frac{9}{16}=7\frac{\square}{16}-5\frac{9}{16}=\square\frac{\square}{16}$ (kg)

(석기가 사용하고 남은 찰흙)$=6\frac{5}{16}-3\frac{11}{16}=5\frac{\square}{16}-3\frac{11}{16}=\square\frac{\square}{16}$ (kg)

따라서 남은 찰흙은 $\boxed{}$ 가 $\square\frac{\square}{16}-\square\frac{\square}{16}=\frac{\square}{16}$ (kg) 더 많습니다.

답 _____

1 욕조에 물이 $20\frac{3}{4}$ L 들어 있습니다. 이 중에서 물을 몇 L 덜어 내었더니 $16\frac{1}{4}$ L가 남았습니다. 덜어낸 물은 몇 L입니까?

2 보기와 같은 방법으로 $16\frac{3}{10}$ ★ $5\frac{7}{10}$ 을 계산하시오.

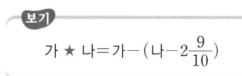

보기

가 ★ 나 $=$ 가 $-\left(나-2\frac{9}{10}\right)$

3 쌀 한 가마니의 무게는 80 kg입니다. 쌀 한 가마니에서 쌀을 $7\frac{3}{4}$ kg씩 3번 덜어 내면, 남은 쌀의 양은 몇 kg입니까?

1 분모가 같은 두 진분수가 있습니다. 한 분수는 분자와 분모의 합이 26이고 차가 6이며, 다른 한 분수는 분자가 분모보다 3 작습니다. 이 두 진분수의 합을 구하시오.

2 어떤 수에 $1\frac{6}{11}$을 더하고 $2\frac{10}{11}$을 빼야 할 것을 잘못하여 $1\frac{6}{11}$을 빼고 $2\frac{10}{11}$을 더했더니 $8\frac{2}{11}$가 되었습니다. 바르게 계산하면 얼마입니까?

3 길이가 $11\frac{3}{4}$ cm인 색 테이프 5장을 그림과 같이 $\frac{3}{4}$ cm씩 겹쳐서 이어 붙이면, 이어 붙인 색 테이프의 전체 길이는 몇 cm가 됩니까?

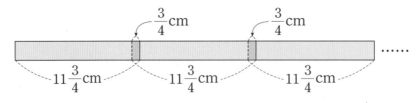

4 다음 식을 만족하는 (㉠, ㉡)은 모두 몇 개입니까? (단, ㉠, ㉡은 모두 자연수입니다.)

$$2 = \frac{㉠}{4} + \frac{㉡}{4}$$

5 그림과 같이 ㉮, ㉯, ㉰, ㉱ 4개의 마을이 있습니다. ㉮ 마을에서 ㉰ 마을까지의 거리와 ㉯ 마을에서 ㉱ 마을까지의 거리 중에서 어느 쪽이 얼마나 더 멉니까?

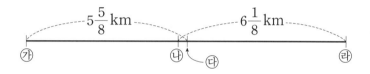

6 ☐ 안에 들어갈 수 있는 수 중 분모가 11인 가분수는 모두 몇 개입니까?

$$\frac{6}{11} + \frac{10}{11} < ☐ < 4\frac{1}{11} - 1\frac{8}{11}$$

7 한별이의 몸무게는 한초보다 $3\dfrac{7}{8}$ kg 더 무겁고 가영이의 몸무게는 한초보다 $1\dfrac{5}{8}$ kg 가볍습니다. 한별이의 몸무게가 $33\dfrac{3}{8}$ kg이라면, 가영이의 몸무게는 몇 kg입니까?

8 웅이는 15 m의 철사를 사용하여 한 변의 길이가 $2\dfrac{4}{5}$ m인 정사각형을 만들었고 영수는 18 m의 철사를 사용하여 한 변의 길이가 $3\dfrac{1}{5}$ m인 정사각형을 만들었습니다. 남은 철사의 길이는 누가 몇 m 더 깁니까?

9 직사각형의 가로는 $5\dfrac{8}{20}$ cm이고 세로는 가로보다 $1\dfrac{13}{20}$ cm 더 깁니다. 이 직사각형의 네 변의 길이의 합은 몇 cm입니까?

10 다음과 같이 약속할 때, 7◎4와 8◎5의 차를 구하시오.

$$⑦ ◎ ⑭ = \frac{⑦ \times ⑭}{⑦ - ⑭}$$

11 하루에 $1\frac{3}{5}$분씩 빨리 가는 시계가 있습니다. 1일 정오에 이 시계를 정확한 시계의 시각보다 5분 느리게 맞추어 놓았다면, 4일 정오에 이 시계가 가리키는 시각은 정확한 시각보다 몇 분 더 빠릅니까? 또는 더 느립니까?

12 8을 분모로 하는 두 분수의 합은 $2\frac{7}{8}$이고 차는 $\frac{5}{8}$입니다. 두 분수 중 작은 분수는 얼마입니까?

13 분모가 7인 세 진분수 ㉠, ㉡, ㉢이 있습니다. 세 진분수의 합은 $2\frac{1}{7}$이고 세 진분수의 분자는 ㉠이 ㉡보다 1 작고, ㉡이 ㉢보다 1 작다고 합니다. 세 진분수를 각각 구하시오.

14 그림을 보고 공원에서 학교까지의 거리는 몇 km인지 구하시오.

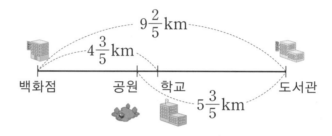

15 무게가 같은 과일 6개를 그릇에 담아 무게를 재어 보니 $2\frac{7}{8}$ kg이었습니다. 과일 3개를 빼고 무게를 재어 보니 $1\frac{6}{8}$ kg이었습니다. 과일 한 개의 무게와 그릇의 무게는 각각 몇 kg입니까?

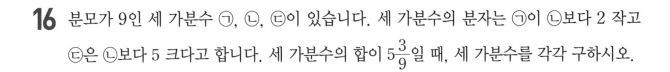

80점 이상 ▶ 왕중왕문제를 풀어 보세요.
60점 이상~80점 미만 ▶ 틀린 문제를 다시 확인 하세요.
60점 미만 ▶ 핵심 알기부터 다시 풀어 보세요.

16 분모가 9인 세 가분수 ㉠, ㉡, ㉢이 있습니다. 세 가분수의 분자는 ㉠이 ㉡보다 2 작고 ㉢은 ㉡보다 5 크다고 합니다. 세 가분수의 합이 $5\frac{3}{9}$일 때, 세 가분수를 각각 구하시오.

17 □ 안에 들어갈 수 있는 자연수는 모두 몇 개입니까?

$$\frac{11}{24}+2\frac{17}{24}>\frac{\boxed{}}{24}+1\frac{19}{24}$$

18 ★이 나타내는 수를 구하시오.

$$\frac{★}{7}-\frac{3}{7}+\frac{★}{7}-\frac{3}{7}+\frac{★}{7}-\frac{3}{7}+\frac{★}{7}-\frac{3}{7}=4$$

 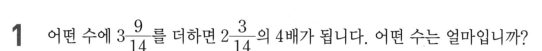

1 어떤 수에 $3\frac{9}{14}$ 를 더하면 $2\frac{3}{14}$ 의 4배가 됩니다. 어떤 수는 얼마입니까?

2 길이가 $14\frac{2}{5}$ cm인 색 테이프 2장을 겹쳐서 한 줄로 이은 후 길이를 재었더니 28 cm 였습니다. 길이가 $14\frac{2}{5}$ cm인 색 테이프 5장을 똑같은 방법으로 이으면, 이은 색 테이프의 전체 길이는 몇 cm가 되겠습니까?

3 다음과 같이 수를 규칙적으로 늘어놓았습니다. 50번째 수부터 57번째 수까지의 합을 구하시오.

$$\frac{7}{10} \quad 1\frac{8}{10} \quad \frac{9}{10} \quad \frac{6}{10} \quad \frac{7}{10} \quad 1\frac{8}{10} \quad \frac{9}{10} \quad \frac{6}{10} \quad \frac{7}{10} \quad \cdots\cdots$$

4 $\dfrac{12\times\bullet+5}{\bullet}$ 는 $\dfrac{10\times\bullet+7}{\bullet}$ 보다 $1\dfrac{7}{\bullet}$ 만큼 더 큽니다. ●에 알맞은 자연수를 구하시오. (단, ●는 같은 숫자를 나타냅니다.)

5 한별이네 학교는 9시 정각에 수업을 시작하여 수업 시간은 $\dfrac{6}{8}$ 시간씩, 쉬는 시간은 $\dfrac{1}{8}$ 시간씩입니다. 4교시가 끝나고 점심 시간이 $\dfrac{7}{8}$ 시간이라면, 한별이가 5교시를 마친 시각은 오후 몇 시입니까?

6 물 369 L가 들어 있는 물탱크가 있습니다. ㉮ 수도관으로는 물이 1분 동안 $20\dfrac{1}{4}$ L씩 들어 가고 ㉯와 ㉰ 배수관으로는 물이 1분 동안 각각 $20\dfrac{2}{4}$ L, $30\dfrac{2}{4}$ L씩 빠진다고 합니다. ㉮, ㉯, ㉰를 동시에 열었을 때, 물탱크의 물이 모두 빠지는 데는 몇 분이 걸리겠습니까?

7 정전이 되어 길이가 25 cm인 양초를 켰습니다. 15분 후 양초의 길이를 재어 보니 $22\frac{2}{5}$ cm였습니다. 양초를 켠 지 1시간 30분이 지났을 때, 남은 양초의 길이는 몇 cm 입니까?

8 다음과 같이 규칙적으로 늘어놓은 분수들의 합을 구하시오.

$$1\frac{1}{10}, \quad 2\frac{2}{10}, \quad 3\frac{3}{10}, \quad \cdots\cdots, \quad 8\frac{8}{10}, \quad 9\frac{9}{10}$$

9 수직선을 보고 ㉠에 알맞은 수를 구하시오.

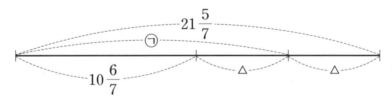

10 다음과 같은 길이의 색 테이프 5장이 있습니다. 이 색 테이프를 일정한 간격으로 겹쳐 붙여서 길이가 $38\frac{5}{10}$ cm인 긴 색 테이프로 만들었습니다. 몇 cm씩 겹쳐 붙였습니까?

$$7\frac{4}{10}\text{ cm} \quad 10\frac{1}{10}\text{ cm} \quad 7\frac{5}{10}\text{ cm} \quad 9\frac{2}{10}\text{ cm} \quad 8\frac{7}{10}\text{ cm}$$

11 ☐ 안에는 모두 같은 수가 들어갑니다. ☐ 안에 알맞은 수를 구하시오.

$$\frac{1}{\square}+\frac{2}{\square}+\frac{3}{\square}+\cdots+\frac{\square-2}{\square}+\frac{\square-1}{\square}=18$$

12 석기와 가영이의 몸무게의 합은 $48\frac{6}{10}$ kg이고 가영이와 동민이의 몸무게의 합은 $50\frac{2}{10}$ kg입니다. 석기, 가영, 동민이의 몸무게의 합이 $73\frac{9}{10}$ kg일 때, 석기와 동민이의 몸무게의 합은 몇 kg입니까?

13 길이가 $8\frac{3}{8}$ m인 막대로 연못의 깊이를 재려고 합니다. 막대를 연못에 넣어 보고 다시 꺼 내어 거꾸로 넣었더니 물에 젖지 않은 부분이 $1\frac{5}{8}$ m였습니다. 연못의 깊이를 구하시오. (단, 막대는 바닥과 직각을 이루게 넣습니다.)

14 다음을 계산하시오.

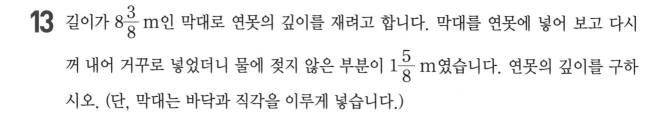

$$\frac{29}{6}+\frac{28}{6}+\frac{27}{6}+\frac{26}{6}+\cdots\cdots+\frac{2}{6}+\frac{1}{6}$$

15 숫자 카드를 한 번씩 모두 사용하여 만들 수 있는 분모가 7인 대분수 중 세 번째로 큰 대분수와 세 번째로 작은 대분수의 차를 구하시오.

$$\boxed{5} \quad \boxed{7} \quad \boxed{8} \quad \boxed{6}$$

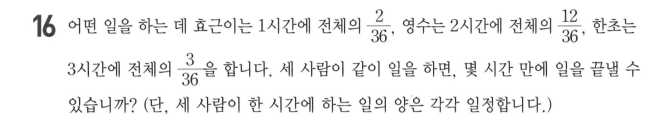
16 어떤 일을 하는 데 효근이는 1시간에 전체의 $\frac{2}{36}$, 영수는 2시간에 전체의 $\frac{12}{36}$, 한초는 3시간에 전체의 $\frac{3}{36}$을 합니다. 세 사람이 같이 일을 하면, 몇 시간 만에 일을 끝낼 수 있습니까? (단, 세 사람이 한 시간에 하는 일의 양은 각각 일정합니다.)

17 영수의 시계는 하루에 $2\frac{2}{3}$분씩 느려진다고 합니다. 9월 1일 오전 9시에 이 시계를 정확한 시각으로 맞추었다면 같은 달 9일 오전 9시에 이 시계가 가리키는 시각은 몇 시 몇 분 몇 초입니까?

18 분모가 25인 분수가 다음과 같이 놓여 있습니다. 이 분수들 중 2개의 분수의 차가 $3\frac{3}{25}$인 분수의 **뺄셈식**은 모두 몇 개를 만들 수 있습니까?

$$\frac{1}{25}, \ \frac{2}{25}, \ \frac{3}{25} \ \cdots \ \frac{98}{25}, \ \frac{99}{25}, \ \frac{100}{25}$$

1 다음과 같이 분모가 16이고 분자가 1부터 174까지인 분수를 늘어놓았습니다. 이 분수 중에서 자연수로 나타낼 수 없는 분수들의 합을 구하시오.

$$\frac{1}{16}, \ \frac{2}{16}, \ \frac{3}{16}, \ \frac{4}{16}, \ \frac{5}{16}, \ \cdots\cdots, \ \frac{172}{16}, \ \frac{173}{16}, \ \frac{174}{16}$$

2 바닥이 평평한 강물에 막대기 a, b, c를 똑바로 세웠더니 a는 자신의 $\frac{1}{2}$만큼, b는 자신의 $\frac{2}{3}$만큼, c는 자신의 $\frac{3}{4}$만큼 물 위로 나왔습니다. 세 막대기의 길이의 합이 $22\frac{4}{8}$ m일 때, 강물의 깊이를 구하시오.

② 삼각형

1. 이등변삼각형의 성질 알아보기
2. 정삼각형의 성질 알아보기
3. 삼각형을 각의 크기에 따라 분류하기
4. 삼각형을 두 가지 기준으로 분류하기

이야기 수학

❋ 삼각형을 나타는 기호(△)

삼각형을 나타낼 때는 기호 △를 사용합니다. 이를테면, 선분 AB, 선분 BC, 선분 CA로 둘러싸인 삼각형 ABC를 기호로 △ABC로 나타냅니다. 삼각형을 나타내기 위한 목적으로 헤론이 150년에 약간 비뚤어진 모양의 삼각형을 기호로 사용하였고 4세기경에 파푸스(Pappus)도 ▽, △을 삼각형 기호로 사용한 적이 있습니다. 그러나 오늘날의 기호는 1805년에 카노트(Carnot, 1753～1823)가 사용한 기호 △ABC와 거의 같습니다.

> 🌐 **이등변삼각형**
>
> • 두 변의 길이가 같은 삼각형을 이등변삼각형이라고 합니다.
> • 이등변삼각형은 길이가 같은 두 변과 함께하는 두 각의 크기가 같습니다.
>
>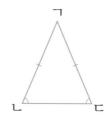
>
> 왼쪽 그림과 같이 이등변삼각형 ㄱㄴㄷ에서 변 ㄱㄴ과 변 ㄱㄷ의 길이가 같고 각 ㄱㄴㄷ과 각 ㄱㄷㄴ의 크기가 같습니다.

1 다음은 이등변삼각형입니다. ☐ 안에 알맞은 수를 써넣으시오.

(1)
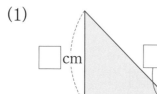

(2)
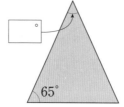

Jump 도우미

⑦ 이등변삼각형에는 길이가 같은 두 변과 크기가 같은 두 각이 있습니다.

2 주어진 선분을 한 변으로 하는 이등변삼각형을 그려 보시오.

(1)
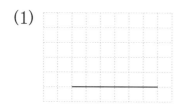

(2)
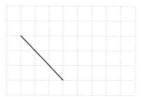

3 오른쪽 그림에서 ㉠을 구하시오.

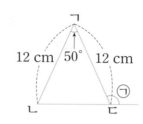

4 길이가 40 cm인 철사를 남김없이 사용하여 변의 길이가 다음과 같은 이등변삼각형을 만들려고 합니다. ☐ 안에 알맞은 수를 써넣으시오.

☐ cm, ☐ cm, 8 cm

Jump② 핵심응용하기

핵심 응용 삼각형 ㄴㄱㄷ과 삼각형 ㄴㄷㄹ은 이등변삼각형입니다. 각 ㄴㄷㄹ의 크기를 구하시오.

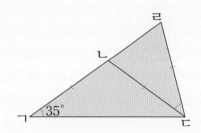

생각열기 삼각형 ㄴㄱㄷ, 삼각형 ㄴㄷㄹ이 이등변삼각형임을 이용합니다.

풀이 삼각형 ㄴㄱㄷ이 이등변삼각형이므로

(각 ㄴㄱㄷ)=(각 ㄴㄷㄱ)= ☐ °입니다.

삼각형 ㄴㄱㄷ에서 (각 ㄱㄴㄷ)=180°−(☐°+☐°)= ☐ °이므로

(각 ㄷㄴㄹ)=180°−☐° = ☐ °입니다.

삼각형 ㄴㄷㄹ이 이등변삼각형이므로

(각 ㄷㄴㄹ)=(각 ㄷㄹㄴ)= ☐ °입니다.

따라서 각 ㄴㄷㄹ의 크기는 180°−(☐°+☐°)= ☐ °입니다.

답 _____

1 오른쪽 그림과 같이 크기가 같은 이등변삼각형 2개를 붙여서 사각형 ㄱㄴㄷㄹ을 만들었습니다. 사각형 ㄱㄴㄷㄹ의 둘레의 길이는 몇 cm입니까?

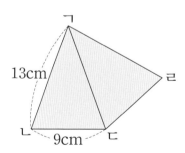

2 오른쪽 그림에서 삼각형 ㄱㄴㄷ은 이등변삼각형입니다. 각 ㄴㄱㄷ의 크기를 구하시오.

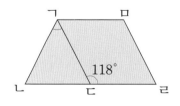

 정삼각형

• 세 변의 길이가 같은 삼각형을 정삼각형이라고 합니다.
• 정삼각형은 세 각의 크기가 같습니다.

한 변의 길이가 3 cm인 정삼각형 그리기

| 길이가 3 cm인 선분을 그립니다. | 한 끝점에서 반지름의 길이가 3 cm인 원의 일부분을 그립니다. | 다른 끝점에서 반지름의 길이가 3 cm인 원의 일부분을 그립니다. | 두 원이 만난 점과 선분을 이어 삼각형을 그립니다. |

---

1 다음은 정삼각형입니다. □ 안에 알맞은 수를 써넣으시오.

(1)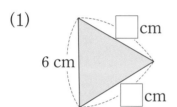
6 cm
□ cm
□ cm

(2)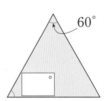
60°
□°

Jump 도우미

① 정삼각형은 세 변의 길이와 세 각의 크기가 각각 같습니다.

2 주어진 선분을 한 변으로 하는 정삼각형을 그려 보시오.

(1)

_____

(2)

|

3 삼각형 ㄱㄴㄷ은 정삼각형입니다. □ 안에 알맞은 수를 써넣으시오.

(1)

(2)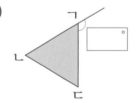

세 변의 길이가 같으면 두 변의 길이도 같으므로 정삼각형은 이등변삼각형이기도 합니다. 그러나 이등변삼각형은 정삼각형이 아닐 수도 있습니다.

4 한 변의 길이가 12 cm인 정삼각형의 둘레의 길이는 몇 cm입니까?

핵심 응용

오른쪽 그림과 같이 정삼각형 ㄱㄴㄷ을 점 ㄱ을 중심으로 하여 시계 반대 방향으로 90° 회전시켜 정삼각형 ㄱㄹㅁ을 만들었습니다. 이때, ㉮를 구하시오.

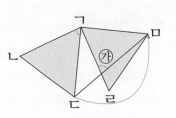

생각
열기 정삼각형은 세 변의 길이가 같고 세 각의 크기가 같습니다.

풀이 삼각형 ㄱㄷㅁ에서 변 ㄱㄷ과 변 ㄱㅁ의 길이가 같고 각 ㄷㄱㅁ의 크기가 90°이므로 삼각형 ㄱㄷㅁ은 [   ]이고 각 ㄱㅁㄷ의 크기는 [ ]° 입니다.

정삼각형 ㄱㄹㅁ에서 각 ㄹㄱㅁ의 크기는 [ ]°이므로

㉮ = 180° − [ ]° − [ ]° = [ ]° 입니다.

답 _____

1 오른쪽 그림과 같이 둘레의 길이가 같은 정사각형과 정삼각형이 있습니다. 정삼각형의 한 변의 길이는 몇 cm입니까?

 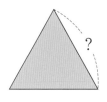

6 cm

2 예슬이는 길이가 1 m인 철사로 한 변의 길이가 7 cm인 정삼각형을 만들려고 합니다. 예슬이는 정삼각형을 몇 개까지 만들 수 있습니까?

3 지름이 1 m인 원 모양의 판지 한 장을 오려서 둘레의 길이가 150 cm인 정삼각형 모양의 표지판을 여러 장 만들려고 합니다. 한 장의 판지를 오려서 표지판을 가장 많이 만들려고 한다면, 몇 장까지 만들 수 있습니까?

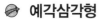

예각삼각형
세 각이 모두 예각인 삼각형을 예각삼각형 이라고 합니다.

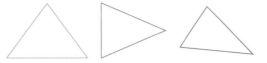

둔각삼각형
한 각이 둔각인 삼각형을 둔각삼각형이라고 합니다.

1 도형을 보고 물음에 답하시오.

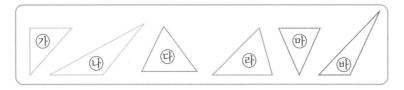

(1) 예각삼각형을 모두 찾아 기호를 쓰시오.

(2) 둔각삼각형을 모두 찾아 기호를 쓰시오.

① 예각 : 직각보다 작은 각

둔각 : 직각보다 크고
180°보다 작은 각

2 오른쪽 사각형에 선분을 한 개만 그어서 둔각삼각형을 2개 만들어 보시오.

3 세 점을 이어 서로 다른 둔각삼각형을 2개 그려 보시오.

4 직사각형 모양의 종이를 점선을 따라 오렸을 때, 예각삼 각형은 모두 몇 개 만들어집니까?

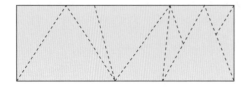

 핵심 응용

삼각형의 세 각 중에서 두 각의 크기가 다음과 같을 때, 종류가 다른 삼각형을 찾아 기호를 쓰시오.

㉠ 65°, 45°   ㉡ 55°, 50°   ㉢ 49°, 36°   ㉣ 75°, 28°

 세 각 중 나머지 한 각을 구해 봅니다.

풀이 ㉠ : $180° - 65° - 45° = \boxed{}°$, ㉡ : $180° - 55° - 50° = \boxed{}°$

㉢ : $180° - 49° - 36° = \boxed{}°$, ㉣ : $180° - 75° - 28° = \boxed{}°$

㉠, ㉡, ㉣은 $\boxed{}$ 삼각형이고 ㉢은 $\boxed{}$ 삼각형입니다.

답 _____

 1

오른쪽 삼각형 ㄱㄴㄷ은 예각삼각형, 직각삼각형, 둔각삼각형 중에서 어떤 삼각형입니까?

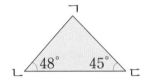

 2

오른쪽 그림에서 찾을 수 있는 크고 작은 예각삼각형과 둔각삼각형의 개수의 합을 구하시오.

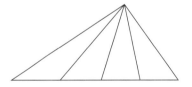

 3

다음은 어느 예각삼각형의 두 각의 크기를 나타낸 것입니다. ★이 될 수 있는 수 중에서 가장 작은 수를 구하시오.

53°, ★°

🔵 변의 길이와 각의 크기에 따라 삼각형을 분류하기

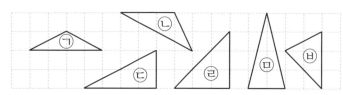

	예각삼각형	둔각삼각형	직각삼각형
이등변삼각형	ㅁ	ㄱ	ㄹ
세 변의 길이가 모두 다른 삼각형	ㅂ	ㄴ	ㄷ

🌿 오른쪽 도형을 보고 ☐ 안에 알맞은 삼각형의 이름을 써넣으시오. [1~3]

Jump 도우미

1 이 삼각형은 두 변의 길이가 같기 때문에 ☐ 입니다.

2 이 삼각형은 세 각이 모두 예각이기 때문에 ☐ 입니다.

3 이 삼각형은 두 각이 같기 때문에 ☐ 입니다.

4 다음 삼각형의 이름이 될 수 있는 것을 모두 찾아 기호를 쓰시오.

④ 삼각형을 각의 크기와 변의 길이에 따라 분류하여 봅니다.

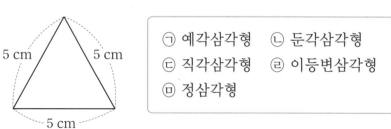

㉠ 예각삼각형	㉡ 둔각삼각형
㉢ 직각삼각형	㉣ 이등변삼각형
㉤ 정삼각형	

Jump② 핵심응용하기

핵심 응용   오른쪽 그림과 같이 원 위에 일정한 간격으로 6개의 점이 놓여 있습니다. 이 점들 중 세 점을 연결하여 만들 수 있는 예각삼각형, 직각삼각형, 둔각삼각형의 개수를 각각 구하시오.

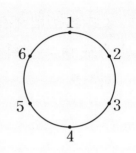

생각 열기   삼각형은 3개의 각의 크기에 따라 예각, 직각, 둔각삼각형으로 나눌 수 있습니다.

풀이   예각삼각형은 (1, 3, ☐)(2, 4, ☐)으로 ☐개,

직각삼각형은 (1, 2, ☐)(1, 2, ☐)(2, 3, ☐)(2, 3, ☐)

(3, 4, ☐)(3, 4, ☐)(4, 5, ☐)(4, 5, ☐)

(5, 6, ☐)(5, 6, ☐)(6, 1, ☐)(6, 1, ☐)

로 ☐개

둔각삼각형은 (6, ☐, 2)(1, ☐, 3)(2, ☐, 4)(3, ☐, 5)

(4, ☐, 6)(5, ☐, 1)로 ☐개를 만들 수 있습니다.

답   예각삼각형 : ☐개, 직각삼각형 : ☐개, 둔각삼각형 : ☐개

확인 ①   오른쪽 그림과 같이 원 위에 일정한 간격으로 12개의 점이 놓여 있습니다. 이 점들 중 2개의 점과 원의 중심을 이어 한 각의 크기가 30°인 예각삼각형은 몇 개를 그릴 수 있습니까?

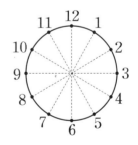

확인 ②   위 1번 그림에서 2개의 점과 원의 중심을 이어 한 각의 크기가 60°인 삼각형은 몇 개를 그릴 수 있습니까?

1 오른쪽 그림에서 변 ㄱㄴ과 변 ㄱㄷ의 길이가 같고, 변 ㄹㄱ과 변 ㄹㄷ의 길이가 같습니다. 각 ㄱㄹㄷ의 크기를 구하시오.

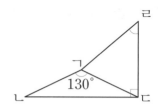

2 오른쪽 그림에서 삼각형 ㄱㄴㄷ과 삼각형 ㄱㄷㄹ은 이등변삼각형입니다. 삼각형 ㄱㄴㄷ의 둘레가 30 cm이고, 삼각형 ㄱㄷㄹ의 둘레가 35 cm일 때 변 ㄱㄹ의 길이는 몇 cm입니까?

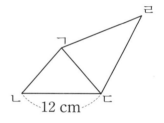

3 오른쪽 그림은 크기가 같은 두 개의 정삼각형을 겹쳐 놓은 것입니다. 선분 ㅅㄷ의 길이가 선분 ㄱㅅ의 길이의 2배일 때 색칠한 부분의 둘레의 합을 구하시오.

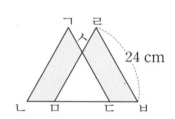

4 오른쪽 그림에서 변 ㄷㄹ의 길이와 변 ㅁㄹ의 길이가 같고, 변 ㄴㄹ의 길이와 변 ㄴㅁ의 길이가 같습니다. 이 도형에서 찾을 수 있는 크고 작은 예각삼각형은 모두 몇 개입니까?

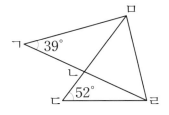

5 삼각형 ㄱㄴㄷ, 삼각형 ㄴㄷㄹ은 모두 이등변삼각형입니다. 삼각형 ㄱㄴㄷ의 세 변의 길이의 합이 24 cm일 때, 삼각형 ㄴㄷㄹ의 둘레는 몇 cm입니까?

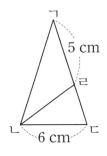

6 직각삼각형 ㄱㄴㄷ 안에 선을 그은 것입니다. 이 도형에서 찾을 수 있는 크고 작은 예각삼각형의 수를 ㉮, 직각삼각형의 수를 ㉯, 둔각삼각형의 수를 ㉰라고 할 때 ㉮＋㉯－㉰의 값을 구하시오.

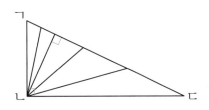

7 세 변의 길이의 합이 18 cm인 정삼각형을 겹치지 않게 이어 붙여 만든 도형입니다. 이 도형의 둘레는 몇 cm입니까?

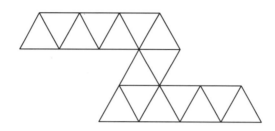

8 정삼각형, 정사각형, 이등변삼각형을 각 변이 꼭 맞닿게 이어 붙여 만든 도형입니다. 이등변삼각형의 세 변의 길이의 합이 18 cm일 때, 도형의 둘레를 구하시오.

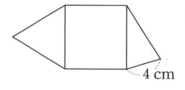

$$4 \text{ cm}$$

9 한 각이 직각인 이등변삼각형 2개를 겹쳐 그린 것입니다. ☐ 안에 알맞은 수를 써넣으시오.

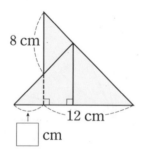

8 cm

12 cm

☐ cm

10 오른쪽 그림에서 찾을 수 있는 크고 작은 정삼각형은 모두 몇 개
입니까?

11 오른쪽 그림은 두 개의 이등변삼각형을 포개어 놓은 것입니다.
㉠과 ㉡을 각각 구하시오.

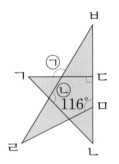

12 그림과 같이 이등변삼각형 50개를 겹치지 않게 이어 붙여 만든 도형의 둘레의 길
이는 몇 cm입니까?

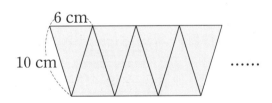

13 한 변의 길이가 10 cm인 정삼각형을 만드는 데 사용한 철사와 같은 길이의 철사를 모두 사용하여 긴 변과 짧은 변의 길이의 차가 3 cm인 이등변삼각형을 만들었습니다. 이등변삼각형의 긴 변이 될 수 있는 길이를 모두 구하시오.

14 다음 도형에서 찾을 수 있는 크고 작은 이등변삼각형은 모두 몇 개입니까?
(단, 같은 표시는 같은 길이를 나타냅니다.)

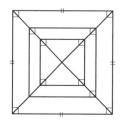

15 길이가 다른 막대가 각각 2개씩 있습니다. 이 막대들 중 3개를 골라 만들 수 있는 모양과 크기가 다른 이등변삼각형은 모두 몇 가지입니까?

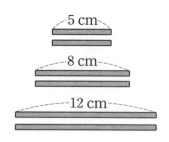

16 오른쪽 그림에서 찾을 수 있는 크고 작은 예각삼각형은 모두 몇 개입니까?

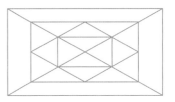

17 삼각형 ㄱㄴㄷ은 한 변의 길이가 12 cm인 정삼각형이며, 선분 ㄹㅁ과 ㄴㅂ, 선분 ㅁㅂ과 ㄱㄷ은 각각 서로 평행합니다. 선분 ㄴㅂ의 길이가 선분 ㅂㄷ의 길이의 3배일 때 선분 ㄹㅁ과 선분 ㅁㅂ의 길이의 합은 몇 cm입니까?

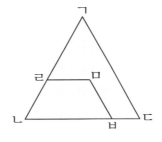

18 선분 ㄱㄷ의 길이를 구하시오.

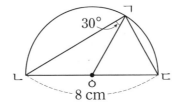

1 도형에서 찾을 수 있는 크고 작은 둔각삼각형은 모두 몇 개입니까?

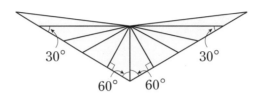

2 도형에서 변 ㄱㄹ의 길이는 몇 cm입니까?

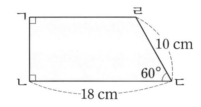

3 정사각형에서 각 변의 가운데 점을 연결하여 선을 그은 것입니다. 찾을 수 있는 크고 작은 이등변삼각형은 모두 몇 개입니까?

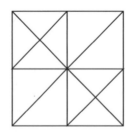

4 선분 ㄷㅂ과 선분 ㅁㅂ의 길이가 같을 때, 각 ㄹㄱㅂ의 크기를 구하시오.

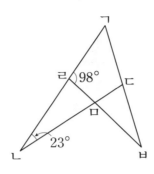

5 다음과 같이 규칙적으로 변하는 도형이 있습니다. 다섯 번째에 올 도형에서 찾을 수 있는 크고 작은 직각삼각형은 모두 몇 개입니까?

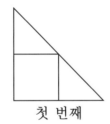 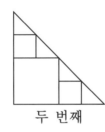 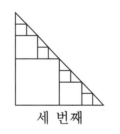 ...

첫 번째   두 번째   세 번째

6 삼각형 모양으로 점을 찍어 놓은 그림입니다. 점들을 이어 만들 수 있는 둔각삼각형은 모두 몇 개입니까?

•

•   •

•   •   •

7 오른쪽 도형에서 찾을 수 있는 예각삼각형과 둔각삼각형의 개수의 차를 구하시오.

8 사각형 ㄱㄴㄷㅁ은 정사각형이고, 삼각형 ㄷㄹㅁ은 이등변삼각형입니다. 각 ㄹㅂㅁ의 크기를 구하시오.

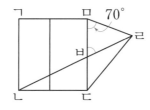

9 삼각형 ㄱㄴㄷ은 정삼각형, 삼각형 ㄱㄷㄹ은 이등변삼각형이고, 사각형 ㄱㄷㅂㅅ은 정사각형입니다. 각 ㅅㅇㅁ의 크기를 구하시오.

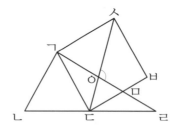

10 정사각형 모양의 종이를 접은 것입니다. 각 ㄹㄱㅁ의 크기를 구하시오.

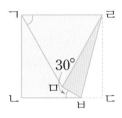

11 오각형 ㄱㄴㄷㄹㅁ은 다섯 변의 길이가 같고, 다섯 각의 크기가 모두 같습니다. 각 ㄹㅂㅁ의 크기를 구하시오.

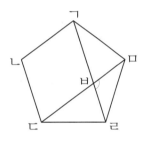

12 삼각자를 이용하여 오른쪽 그림과 같이 겹쳐 놓았습니다. 각 ㄹㅁㄷ의 크기를 구하시오.

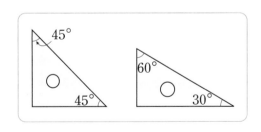
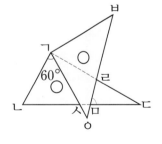

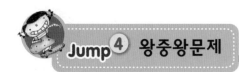

13 도형에서 찾을 수 있는 크고 작은 정삼각형은 모두 몇 개입니까? (단, 가장 작은 삼각형은 정삼각형입니다.)

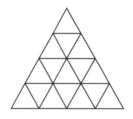

14 오른쪽 그림은 원을 4등분 한 후 선분 ㄴㄷ을 접는 선으로 하여 접은 모양입니다. 각 ㄹㄴㄷ의 크기를 구하시오.

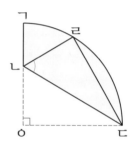

15 오른쪽 그림과 같이 원의 둘레에 일정한 간격으로 12개의 점을 찍었습니다. 3개의 점을 연결하여 삼각형을 만들었을 때, 만들 수 있는 이등변삼각형은 모두 몇 개입니까?

16 오른쪽 그림과 같이 9개의 점이 일정한 간격으로 놓여 있습니다. 이 점들을 꼭짓점으로 하여 만들 수 있는 이등변삼각형은 모두 몇 개입니까?

17 삼각형 ㄱㄷㄹ은 이등변삼각형이고, 각 ㄱㄷㄴ의 크기는 각 ㄱㄷㄹ의 크기의 반보다 9°가 더 큽니다. 각 ㄷㄱㄹ의 크기를 구하시오.

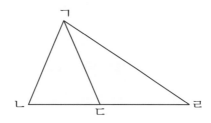

18 그림과 같이 정삼각형에 직선을 1개 그으면 찾을 수 있는 크고 작은 정삼각형은 2개입니다. 이와 같이 정삼각형에 직선을 4개 그어서 찾을 수 있는 크고 작은 정삼각형은 최대 몇 개입니까?

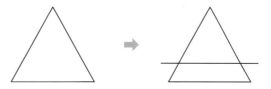

1 사각형 ㄱㄴㄷㄹ과 사각형 ㅁㅂㅅㅇ은 정사각형입니다. 선분 ㄷㅁ의 길이와 선분 ㄷㅈ의 길이가 같을 때 각 ㄴㅁㅈ의 크기와 각 ㄷㅁㅊ의 크기의 합을 구하시오.

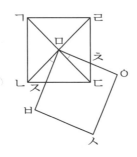

2 다음 점판에 모양이 서로 다른 이등변삼각형이면서 예각삼각형을 10가지만 그려 보시오. (단, 밀기, 뒤집기, 돌리기에 의해 겹쳐지는 것은 같은 것으로 봅니다.)

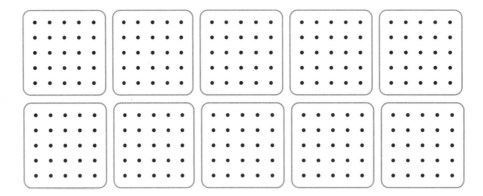

3 소수의 덧셈과 뺄셈

1. 소수 두 자리 수 알아보기
2. 소수 세 자리 수 알아보기
3. 소수의 크기 비교하기, 소수 사이의 관계
4. 소수 한 자리 수, 두 자리 수의 덧셈
5. 1보다 큰 소수 두 자리 수의 덧셈
6. 소수 한 자리 수, 두 자리 수의 뺄셈
7. 1보다 큰 소수 두 자리 수의 뺄셈, 자릿수가 다른 소수의 계산

이야기 수학

소수를 처음 발견한 사람은?

소수가 만들어진 것은 그리 오래전 일이 아닙니다. 분수는 이전부터 계속 사용되어 왔습니다. 이집트인이 처음 분수를 사용한 것은 기원전 1800년경인 데 비해서 소수는 서기 1584년에야 처음 발견된 것입니다.

사람들은 물건을 나누는 일에 더 관심이 많아서 정확히 재는 일에는 훨씬 뒤늦게 관심을 가지기 시작했던 것입니다. 맨 처음 소수를 발견한 사람은 벨기에의 시몬 스테빈(Simon Stevin 1548~1620)이었습니다.

그는 3.627의 경우 '3⓪ 6① 2② 7③'이라고 썼습니다.

소수점을 ⓪으로, 소수점 아래 첫째 자리를 ①, 둘째 자리를 ②, 셋째 자리를 ③으로 나타냈던 것입니다. 오늘날의 표기와 비교한다면 꽤 까다롭고 귀찮은 방법이기는 했지만 최초로 소수를 표시한 것이니만큼 큰 의미가 있습니다.

🌀 소수 두 자리 수

• 분수 $\frac{1}{100}$은 소수로 0.01이라 쓰고, 영 점 영일이라고 읽습니다.

$$\frac{1}{100} = 0.01$$

• 분수 $\frac{75}{100}$는 소수로 0.75라 쓰고, 영 점 칠오라고 읽습니다.

$$\frac{75}{100} = 0.75$$

🌀 소수의 자릿값

• 3.54는 삼 점 오사라고 읽습니다.

일의 자리		소수 첫째 자리	소수 둘째 자리
3	.		
0	.	5	
0	.	0	4

• 3.54에서 3은 일의 자리 숫자이고 3을 나타냅니다.
5는 소수 첫째 자리 숫자이고 0.5를 나타냅니다.
4는 소수 둘째 자리 숫자이고 0.04를 나타냅니다.

---

1 오른쪽 그림에서 큰 사각형을 1로 보았을 때, 색칠한 부분을 소수로 나타내고 읽어 보시오.

2 수직선을 보고 ☐ 안에 알맞은 소수를 써넣으시오.

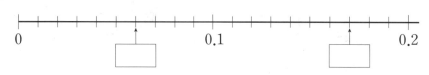

3 ☐ 안에 알맞은 소수를 써넣으시오.

(1) 1이 7개, 0.1이 5개, 0.01이 12개인 수는 ☐ 입니다.

(2) 10이 5개, 1이 13개, $\frac{1}{100}$이 56개인 수는 ☐ 입니다.

4 한초는 미술 시간에 철사 1 m 중에서 85 cm를 사용하였습니다. 한초가 사용한 철사의 길이는 몇 m인지 소수로 나타내시오.

Jump 도우미

❶ 작은 모눈 1칸은 전체의 $\frac{1}{100}$입니다.

❷ 0과 0.1 사이를 10칸으로 나누었으므로 작은 눈금 1칸의 크기는 0.01입니다.

3.52(삼 점 오이)
→ 소수 둘째 자리(0.02)
→ 소수 첫째 자리(0.5)
→ 일의 자리(3)

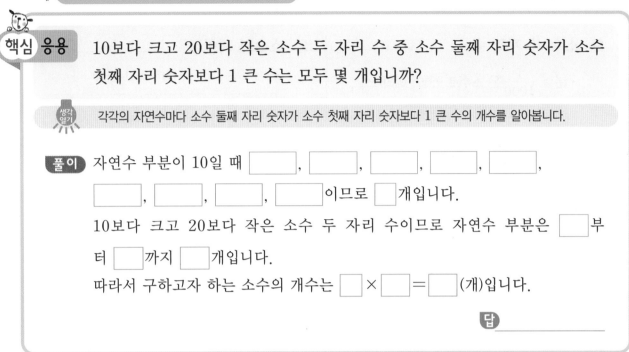

핵심 응용

10보다 크고 20보다 작은 소수 두 자리 수 중 소수 둘째 자리 숫자가 소수 첫째 자리 숫자보다 1 큰 수는 모두 몇 개입니까?

생각열기 각각의 자연수마다 소수 둘째 자리 숫자가 소수 첫째 자리 숫자보다 1 큰 수의 개수를 알아봅니다.

풀이 자연수 부분이 10일 때 ☐, ☐, ☐, ☐, ☐,

☐, ☐, ☐, ☐ 이므로 ☐ 개입니다.

10보다 크고 20보다 작은 소수 두 자리 수이므로 자연수 부분은 ☐ 부터 ☐ 까지 ☐ 개입니다.

따라서 구하고자 하는 소수의 개수는 ☐ × ☐ = ☐ (개)입니다.

답 _____

1 석기가 가지고 있는 색종이는 한 변의 길이가 13 cm인 정사각형입니다. 이 색종이의 네 변의 길이의 합은 몇 m입니까?

2 다음 조건을 모두 만족하는 소수를 구하시오.

- 3.2와 3.3 사이에 있는 소수 두 자리 수입니다.
- 소수 첫째 자리 숫자와 소수 둘째 자리 숫자의 차는 4입니다.

3 주어진 4장의 숫자 카드를 모두 사용하여 60에 가장 가까운 소수 두 자리 수를 만들어 보시오.

4   2   6   5

소수 세 자리 수

• 분수 $\dfrac{1}{1000}$은 소수로 0.001이라 쓰고, 영 점 영영일이라고 읽습니다.

$$\dfrac{1}{1000}=0.001$$

• 분수 $\dfrac{536}{1000}$은 소수로 0.536이라 쓰고, 영 점 오삼육이라고 읽습니다.

$$\dfrac{536}{1000}=0.536$$

소수의 자릿값

• 2.489는 이 점 사팔구라고 읽습니다.

일의 자리	.	소수 첫째 자리	소수 둘째 자리	소수 셋째 자리
0	.	4		
0	.	0	8	
0	.	0	0	9

1 0.01이 35개이면 0.35입니다. 0.001이 704개이면 얼마인지 소수로 나타내고 읽어 보시오.

 Jump 도우미

① 자릿값이 없는 자리에는 숫자 0을 써야 합니다.

2 수직선을 보고 □ 안에 알맞은 소수를 써넣으시오.

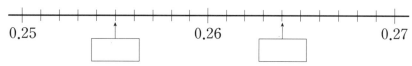

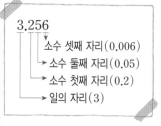

3.256
↳ 소수 셋째 자리(0.006)
↳ 소수 둘째 자리(0.05)
↳ 소수 첫째 자리(0.2)
↳ 일의 자리(3)

3 용희는 2시간 동안 11 km 573 m를 뛰었습니다. 용희가 2시간 동안 뛴 거리는 몇 km인지 소수로 나타내시오.

③ 1 m=$\dfrac{1}{1000}$ km
　　=0.001 km

4 상자 100개를 묶는데 사용한 끈의 길이가 405 m였습니다. 상자 100개를 묶는 데 사용한 끈의 길이를 km로 나타냈을 때, 소수 셋째 자리 숫자는 무엇입니까?

핵심 응용 학교에서 도서관을 거쳐 병원까지의 거리는 몇 km입니까?

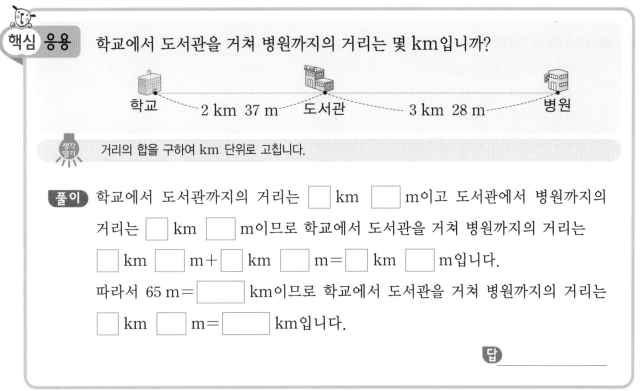

학교 ―2 km 37 m― 도서관 ―3 km 28 m― 병원

생각열기 거리의 합을 구하여 km 단위로 고칩니다.

풀이 학교에서 도서관까지의 거리는 ☐ km ☐ m이고 도서관에서 병원까지의

거리는 ☐ km ☐ m이므로 학교에서 도서관을 거쳐 병원까지의 거리는

☐ km ☐ m+ ☐ km ☐ m= ☐ km ☐ m입니다.

따라서 65 m= ☐ km이므로 학교에서 도서관을 거쳐 병원까지의 거리는

☐ km ☐ m= ☐ km입니다.

답 _____

1 다음 중에서 소수 둘째 자리 숫자가 가장 큰 수부터 차례대로 쓰시오.

$$0.248 \quad \frac{193}{1000} \quad 0.806 \quad \frac{937}{1000}$$

2 어느 계단 1개의 높이는 15 cm입니다. 바닥에서부터 계단 80개를 올라간 높이는 몇 km입니까?

3 다음 중 무게가 1 kg에 가장 가까운 것을 찾아 기호를 쓰시오.

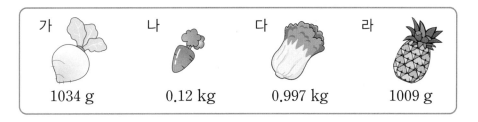

가	나	다	라
1034 g	0.12 kg	0.997 kg	1009 g

🏀 0.3과 0.30의 비교

0.3과 0.30은 같은 수입니다.
소수는 필요한 경우 오른쪽 끝자리에 0을 붙여서 나타낼 수 있습니다.

$$0.3 = 0.30$$

🏀 소수의 크기 비교

① 자연수 부분을 비교합니다.
② 소수 첫째 자리끼리 비교합니다.
③ 소수 둘째 자리끼리 비교합니다.
④ 소수 셋째 자리끼리 비교합니다.

$$0.647 > 0.643$$

🏀 소수 사이의 관계

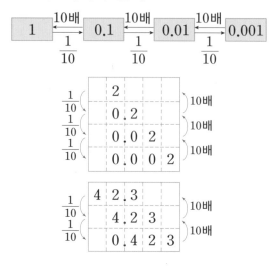

1 □ 안에 알맞은 수를 써넣으시오.

　(1) 12.4의 $\frac{1}{10}$은 □이고 $\frac{1}{100}$은 □입니다.

　(2) 0.091의 10배는 □이고 100배는 □입니다.

2 생략할 수 있는 0이 들어 있는 소수는 모두 몇 개입니까?

> 0.014　0.190　73.501　32.10　4.058

3 수의 크기를 비교하여 가장 큰 수부터 차례대로 쓰시오.

> 0.985,　3.2,　$\frac{146}{100}$,　0.979

4 영수의 키는 1538 mm, 가영이의 키는 162.4 cm, 석기의 키는 1.409 m입니다. 키가 가장 큰 사람부터 차례로 이름을 쓰시오.

② 소수점 아래 끝자리 숫자 0은 생략하여 나타낼 수 있습니다.

핵심 응용   어떤 수의 $\frac{1}{100}$인 수는 23.65보다 0.005 작다고 합니다. 어떤 수는 얼마입니까?

생각열기   23.65보다 0.005 작은 수는 얼마인지 먼저 생각해 봅니다.

풀이   23.65보다 0.005 작은 수는 [ ]이고 어떤 수의 $\frac{1}{100}$인 수입니다.

따라서 어떤 수는 [ ]의 100배인 수이므로 어떤 수는 [ ]입니다.

답 _____

1 ㉠이 나타내는 값은 ㉡이 나타내는 값의 몇 배입니까?

$$3.632$$
$$\underset{㉠}{}\underset{㉡}{}$$

2 □ 안에는 0부터 9까지의 숫자가 들어갈 수 있습니다. 세 수의 크기를 비교하여 가장 큰 수부터 차례대로 기호를 쓰시오.

㉠ 12.□42   ㉡ 0.□39   ㉢ □.95

3 예슬이는 길이가 270 cm인 색 테이프를 가지고 있습니다. 신영이가 가지고 있는 끈의 길이는 예슬이가 가지고 있는 색 테이프 길이의 10배라면 신영이가 가지고 있는 끈의 길이는 몇 km입니까?

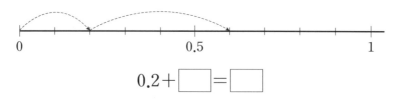

소수 한 자리 수의 덧셈

받아올림을 생각하여 소수 첫째 자리끼리 덧셈을 합니다.

$0.3+0.9=1.2$

```
   0.3
+  0.9
───────
   1.2
```

소수 두 자리 수의 덧셈

받아올림을 생각하여 소수 둘째 자리끼리, 소수 첫째 자리끼리 덧셈을 합니다.

$0.67+0.25=0.92$

```
   0.67
+  0.25
────────
   0.92
```

1 수직선을 보고 ☐ 안에 알맞은 수를 써넣으시오.

```
0        0.5        1
```

$0.2 + \boxed{} = \boxed{}$

Jump 도우미

① 수직선에서 화살표 방향으로 몇 칸을 갔는지 세어 봅니다.

2 석기는 공책에 0.3 cm의 선을 그은 다음 0.5 cm를 더 그었습니다. 석기가 그은 선의 길이는 모두 몇 cm입니까?

3 학교에서 서점까지의 거리는 0.6 km이고 서점에서 공원까지의 거리는 0.9 km입니다. 학교에서 서점을 지나 공원까지의 거리는 모두 몇 km입니까?

③ 받아올림에 주의하여 계산합니다.

4 한초와 석기가 달리기를 하였습니다. 한초는 0.46 km를 달렸고 석기는 0.38 km를 달렸습니다. 두 사람이 달린 거리는 모두 몇 km입니까?

5 영수는 과일 가게에서 무게가 0.59 kg인 배 한 개와 무게가 0.43 kg인 사과 한 개를 샀습니다. 영수가 산 과일의 무게는 모두 몇 kg입니까?

핵심 응용   오른쪽 그림은 정사각형 ㄱㄴㄷㄹ과 이등변삼각형 ㄹㄷㅁ을 한 변이 맞닿게 붙여서 만든 것입니다. 이 때, 도형 ㄱㄴㄷㅁㄹ의 둘레는 몇 m입니까?

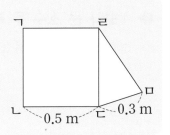

생각열기   정사각형과 이등변삼각형이 맞닿는 변의 길이는 몇 m인지 생각해 봅니다.

풀이   정사각형 ㄱㄴㄷㄹ의 한 변의 길이는 ☐ m이고 정사각형과 이등변삼각형이 맞

닿는 변의 길이는 같으므로 이등변삼각형 ㄹㄷㅁ에서

(변 ㄹㄷ)=(변 ☐)=☐ (m)입니다.

따라서 (도형 ㄱㄴㄷㅁㄹ의 둘레)

=(변 ㄱㄴ)+(변 ㄴㄷ)+(변 ㄷㅁ)+(변 ☐)+(변 ☐)

=☐+☐+☐+☐+☐=☐ (m)입니다.

답 _____

1 냉장고 안에 포도 주스 0.8 L와 오렌지 주스 900 mL가 있습니다. 포도 주스와 오렌지 주스는 모두 몇 L입니까?

2 0부터 9까지의 숫자 중에서 ☐ 안에 들어갈 수 있는 숫자의 합을 구하시오.

$$0.22+0.43<0.52+0.\boxed{}2<0.81+0.08$$

3 네 변의 길이의 합이 0.84 m인 직사각형이 있습니다. 이 직사각형의 가로 한 변의 길이가 0.14 m일 때, 세로 한 변의 길이는 몇 m입니까?

◉ **1보다 큰 소수 두 자리 수의 덧셈**

받아올림을 생각하여 소수 둘째 자리끼리, 소수 첫째 자리끼리, 자연수끼리 덧셈을 합니다.

$$4.14 + 1.92 = 6.06$$

$$\begin{array}{r} 4.14 \\ + \ 1.92 \\ \hline 6.06 \end{array}$$

1 빈 곳에 두 수의 합을 써넣으시오.

(1)

2.37	3.65

(2)

7.48	12.92

2 빈 곳에 알맞은 수를 써넣으시오.

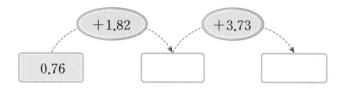

0.76 → +1.82 → ☐ → +3.73 → ☐

3 신영이는 야채 가게에서 감자 4.57 kg과 양파 2.84 kg을 샀습니다. 야채 가게에서 산 야채의 무게는 모두 몇 kg입니까?

4 예슬이의 현재 몸무게는 작년보다 2.78 kg이 늘었습니다. 작년 몸무게가 29.54 kg이라면, 예슬이의 현재 몸무게는 몇 kg입니까?

5 석기네 학교 학생들은 우유를 어제 152.65 L, 오늘 47.36 L 마셨습니다. 석기네 학교 학생들이 이틀 동안 마신 우유는 모두 몇 L입니까?

Jump 도우미

🐤 각 자리 숫자의 합이 10이거나 10을 넘으면 윗자리로 1을 받아올림합니다.

 핵심 응용

일정한 빠르기로 한 시간 동안 지혜는 2.86 km를 걸을 수 있고 석기는 3.68 km를 걸을 수 있습니다. 지혜와 석기가 같은 곳에서 반대 방향으로 동시에 출발한다면, 2시간 30분 후에 두 사람은 몇 km 떨어져 있게 됩니까?

생각 열기   30분 동안 걸을 수 있는 거리는 1시간 동안 걸을 수 있는 거리의 반입니다.

풀이   지혜가 30분 동안 걸을 수 있는 거리를 ●라 하면

●+●=2.86(km), ●=☐(km)입니다.

석기가 30분 동안 걸을 수 있는 거리를 ▲라 하면

▲+▲=3.68(km), ▲=☐(km)입니다.

2시간 30분 동안 지혜가 걸은 거리는 2.86+2.86+☐=☐(km)이고

석기가 걸은 거리는 3.68+3.68+☐=☐(km)입니다.

따라서 두 사람은 ☐+☐=☐(km) 떨어져 있게 됩니다.

 답 _____

1 1이 6개, 0.1이 24개, 0.01이 5개인 수보다 4.68 큰 수를 구하시오.

2 동민이는 색 테이프를 3.87 m 가지고 있고 웅이는 동민이보다 1.05 m 더 긴 색 테이프를 가지고 있습니다. 동민이와 웅이가 가지고 있는 색 테이프의 길이는 모두 몇 m입니까?

3 주어진 4장의 숫자 카드를 모두 사용하여 만들 수 있는 소수 두 자리 수 중에서 40에 가장 가까운 수와 두 번째로 가까운 수의 합을 구하시오.

8   3   4   1

Jump ① 핵심알기   6. 소수 한 자리 수, 두 자리 수의 뺄셈

🌑 소수 한 자리 수의 뺄셈

일의 자리에서 받아내림을 생각하여 소수 첫째 자리 수끼리 뺄셈을 합니다.

$1.7 - 0.9 = 0.8$

$$\begin{array}{r} 1.7 \\ -\ 0.9 \\ \hline 0.8 \end{array}$$

🌑 소수 두 자리 수의 뺄셈

받아내림을 생각하여 소수 둘째 자리끼리, 소수 첫째 자리끼리 뺄셈을 합니다.

$0.73 - 0.45 = 0.28$

$$\begin{array}{r} 0.73 \\ -\ 0.45 \\ \hline 0.28 \end{array}$$

1 다음 중 가장 큰 수와 가장 작은 수의 차를 구하시오.

> 1.3   0.9   2.4   0.7   1.8

각 자리 수끼리 뺄 수 없을 때에는 윗자리에서 받아내림하여 계산합니다.

① 가장 큰 수와 가장 작은 수를 먼저 찾습니다.

2 동민이는 0.9 m짜리 색 테이프를 0.2 m씩 2번 잘라 사용하였습니다. 남은 색 테이프의 길이는 몇 m입니까?

3 딸기를 영수는 0.8 kg, 한초는 1.4 kg을 샀습니다. 누가 얼마나 더 많이 샀습니까?

4 가영이의 물병에는 0.97 L의 물이 들어 있었습니다. 점심에 0.65 L의 물을 마셨다면, 몇 L의 물이 남아 있겠습니까?

5 쇠고기 0.94 kg을 사 와서 0.86 kg을 구워 먹었습니다. 남은 쇠고기의 양은 몇 kg입니까?

핵심 응용 무게가 같은 음료수 5병이 들어 있는 상자의 무게가 0.85 kg입니다. 음료수 1병을 꺼낸 다음 상자의 무게를 재었더니 0.72 kg이었다면, 빈 상자의 무게는 몇 kg입니까?

생각 열기 음료수 1병의 무게는 몇 kg인지 생각해 봅니다.

풀이 (음료수 1병의 무게)=0.85− □ = □ (kg)

음료수 1병의 무게가 □ kg이므로 음료수 5병의 무게는

□ + □ + □ + □ + □ = □ (kg)입니다.

따라서 빈 상자의 무게는 0.85− □ = □ (kg)입니다.

답 _____

1 길이가 96 cm인 철사를 이용하여 한 변의 길이가 0.28 m인 정삼각형을 만들었습니다. 정삼각형을 만들고 남은 철사의 길이는 몇 m입니까?

2 어떤 수에서 0.2를 빼야 할 것을 잘못하여 더하였더니 0.9가 되었습니다. 바르게 계산하면 얼마입니까?

3 길이가 24 cm인 수수깡 3개를 그림과 같이 묶었습니다. 묶은 수수깡 전체의 길이는 몇 m입니까?

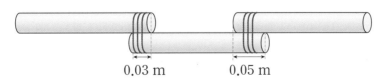

0.03 m   0.05 m

🏀 1보다 큰 소수 두 자리 수의 뺄셈

- 0.01이 몇 개인지 생각하여 뺍니다.
- 자연수는 자연수끼리 빼고, 소수는 소수끼리 뺀 다음 자연수와 소수를 더합니다.
- 소수끼리 뺄 수 없을 때는 자연수에서 1을 받아내림하여 계산합니다.

$$\begin{array}{r} 7.62 \\ -\ 3.85 \\ \hline 3.77 \end{array}$$ ⟹ 0.01이 762개
$$- \text{ 0.01이 385개}$$
$$\overline{\text{0.01이 377개}}$$

🏀 자릿수가 다른 소수의 계산

- 소수점을 맞추어 세로 형식으로 쓰고 같은 자리 수끼리 계산합니다.
- 자릿수가 다를 때는 자릿수가 적은 수의 뒤에 0이 있다고 생각하여 계산합니다.

  <2.04−0.674>

$$\begin{array}{r} 2.04 \\ -\ 0.674 \\ \hline \end{array}$$ ⟹ $$\begin{array}{r} 2.040 \\ -\ 0.674 \\ \hline 1.366 \end{array}$$

---

1 ☐ 안에 알맞은 수를 써넣으시오.

(1) $4.72 + \boxed{} = 5.1$

(2) $7.14 - \boxed{} = 3.256$

Jump 도우미

- ● + ▲ = ■
  ➡ ▲ = ■ − ●
- ◆ − ★ = ■
  ➡ ★ = ◆ − ■

2 ㉠, ㉡에 알맞은 두 숫자의 차를 구하시오.

$$5.㉠3 - 3.59 = 2.0㉡$$

자릿수가 다른 소수의 뺄셈은 소수점의 자리를 맞추어 쓴 후 자릿수가 적은 수의 뒤에 0이 있다고 생각하고 계산합니다.

3 난로에 석유가 5 L 들어 있었습니다. 이 중에서 2.617 L를 사용하였다면, 난로에 남아 있는 석유의 양은 몇 L입니까?

4 귤이 들어 있는 바구니의 무게를 재어 보니 4.618 kg이었습니다. 바구니만의 무게가 350 g이라면, 귤의 무게는 몇 kg입니까?

Jump② 핵심응용하기

핵심 응용 예슬이는 무게가 2300 g인 가방을 메고 몸무게를 재어 보았더니 32.2 kg이었습니다. 가방을 벗고 어항을 들고 몸무게를 다시 재어 보니 33.2 kg이었습니다. 어항의 무게는 몇 kg입니까?

> **생각 열기** 1 kg＝1000 g임을 이용하여 예슬이의 몸무게를 구합니다.

풀이 2300 g＝ ◻ kg이므로 가방의 무게는 ◻ kg입니다.

(예슬이의 몸무게)＝32.2− ◻ ＝ ◻ (kg)

예슬이의 몸무게가 ◻ kg이므로 어항의 무게는

33.2− ◻ ＝ ◻ (kg)입니다.

 답 _____

 1 녹차가 가득 들어 있는 병의 무게를 재어 보았더니 2.513 kg이었습니다. 이 병에 들어 있는 녹차의 $\frac{1}{4}$을 마시고 무게를 다시 재어 보니 2.168 kg이었습니다. 빈 병의 무게는 몇 kg입니까?

 2 아버지는 지혜보다 35.8 cm 더 크고 어머니는 아버지보다 0.126 m 작습니다. 어머니는 지혜보다 몇 m 더 큽니까?

 3 어떤 소수와 그 소수의 소수점을 빼서 만든 자연수와의 차가 605.7일 때, 소수점을 빼서 만든 자연수를 구하시오.

1 규칙을 찾아 빈 곳에 알맞은 수를 써넣으시오.

5.465 — 5.49 — 5.515 — ☐ — ☐

2 ☐ 안에 들어갈 수 있는 자연수는 모두 몇 개입니까?

$$1.03 < \frac{\square}{100} < 2$$

3 다음 수를 가장 큰 수부터 차례대로 쓰시오.

$$4\frac{6}{100} \quad 4.1 \quad 3\frac{857}{1000} \quad 3.902 \quad 4\frac{15}{1000}$$

4 길이가 86 cm인 용수철이 있습니다. 이 용수철에 무게가 1 kg인 추를 하나씩 매달 때마다 용수철의 길이가 0.15 m씩 일정하게 늘어납니다. 무게가 1 kg인 추 몇 개를 매단 길이가 1.31 m였다면 매단 1 kg짜리 추는 모두 몇 개입니까?

5 □ 안에는 0부터 9까지의 숫자가 들어갈 수 있습니다. 가장 큰 수를 찾아 기호를 쓰시오.

> ㉠ □0.127   ㉡ 8□.693   ㉢ 9□.135   ㉣ 90.0□□

6 일의 자리 숫자가 3, 소수 셋째 자리 숫자가 5인 소수 세 자리 수 중 4보다 작은 수는 모두 몇 개입니까?

7 빈 주전자의 무게는 0.37 kg입니다. 이 주전자에 물을 가득 채운 후 물의 반을 쓰고 주전자의 무게를 재어 보니 1.845 kg이었습니다. 물이 가득 찬 주전자의 무게는 몇 kg입니까?

8 석기의 몸무게는 21.75 kg이고 동생의 몸무게는 석기보다 5.81 kg이 가볍습니다. 또, 아버지의 몸무게는 석기와 동생의 몸무게의 합보다 26.09 kg 더 무겁습니다. 아버지의 몸무게는 몇 kg입니까?

9 오른쪽 그림과 같은 직사각형 모양 밭을 세로만 늘려 정사각형 모양이 되게 하였습니다. 새로 만든 정사각형 모양 밭의 둘레는 새로 만들기 전 직사각형 모양 밭의 둘레보다 몇 m 더 깁니까?

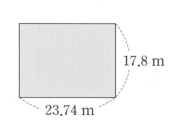

17.8 m

23.74 m

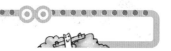

10 □ 안에 들어갈 수 있는 숫자 중에서 가장 큰 숫자를 구하시오.

$$5.3\boxed{}9+1.763 \; < \; 7.132$$

11 한초는 100 m를 16.08초에 달리고 석기는 50 m를 8.48초에 달립니다. 두 사람이 각각 이와 같은 빠르기로 200 m씩 달린다면, 한초는 석기보다 몇 초 더 빨리 달립니까?

12 서울에서 부산까지의 거리는 416 km입니다. 천안에서 대구까지의 거리는 수원에서 천안까지의 거리보다 몇 km 더 멉니까?

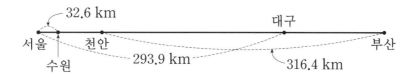

13 □ 안에 알맞은 숫자를 써넣으시오.

$$
\begin{array}{r}
\boxed{}\boxed{}.\,2\;8 \\
-\quad 9.\boxed{}\boxed{}\;6 \\
\hline
3\;4\,.\,8\;0\;\boxed{} \\
\end{array}
$$

14 어떤 세 자리 수의 $\frac{1}{10}$인 수와 $\frac{1}{100}$인 수의 합이 30.69입니다. 어떤 세 자리 수를 구하시오.

15 ㉮, ㉯, ㉰ 3개의 수가 있습니다. ㉮와 ㉯의 합은 13, ㉯와 ㉰의 합은 17.4, ㉮와 ㉰의 합은 15.6입니다. ㉮, ㉯, ㉰ 세 수의 합은 얼마입니까?

16 예슬이가 $4\frac{9}{10}$ kg인 물건을 들고 저울에 올라가 무게를 재어 보니 37.5 kg이었습니다. 예슬이가 8500 g인 물건을 들고 저울에 올라가면, 저울은 몇 kg을 나타내겠습니까?

17 다음에 알맞은 수를 구하시오.

> 1이 29개
> 0.1이 35개
> 0.01이 42개
> 0.001이 98개
> 인 수보다 0.905 큰 수

18 빨간색 테이프의 길이는 6.8 cm이고, 노란색 테이프의 길이는 빨간색 테이프보다 1.95 cm 더 짧습니다. 두 색 테이프를 0.47 cm만큼 겹쳐서 이어 붙이면 색 테이프의 전체 길이는 몇 cm가 됩니까?

1 다음은 일정한 규칙에 따라 소수 세 자리 수를 늘어놓은 것입니다. ☐ 안에 알맞은 소수 세 자리 수를 구하시오.

> 53.246, 24.653, 65.324, ☐, 46.532

2 0보다 크고 1보다 작은 소수 세 자리 수가 있습니다. 각 자리의 숫자는 모두 다르고, 각 자리의 숫자의 합이 23인 수는 모두 몇 개입니까?

3 4.12＋4.38＋4.35＋4.42를 계산하는 데 한 수의 소수점을 빠뜨리고 잘못 계산하였더니 450.89가 되었습니다. 소수점을 빠뜨린 수는 무엇입니까?

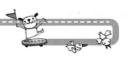

4 어떤 소수가 있습니다. 이 소수는 3.13보다 크고 3.52보다 작습니다. 또한 3.42보다 크고 3.96보다 작습니다. 어떤 소수 중 소수 세 자리 수는 모두 몇 개입니까? (단, 소수 셋째 자리 숫자는 0이 아닙니다.)

5 $\frac{3}{7}$ 을 소수로 나타내면 0.42857142857142…입니다. 소수점 아래 99째 자리 숫자는 무엇입니까?

6 주어진 4장의 카드를 모두 사용하여 만들 수 있는 소수는 몇 개입니까?

$$\boxed{7} \quad \boxed{8} \quad \boxed{9} \quad \boxed{.}$$

7 다음은 간격이 서로 다른 두 개의 수직선을 어긋나게 놓은 것입니다. 수직선 ㉮의 0.3 과 수직선 ㉯의 0.335를 맞추고 수직선 ㉮의 어떤 점의 위치를 수직선 ㉯에서 읽었더 니 0.779였습니다. 수직선 ㉮의 한 눈금의 길이가 수직선 ㉯의 한 눈금의 길이의 2배 라면 수직선 ㉮에서 □ 안에 알맞은 수를 구하시오.

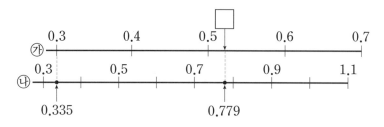

8 오른쪽 계산에서 각각의 문자에 알맞은 숫자를 구하시오. (단, 서로 다른 문자는 서로 다른 숫자를 나타냅니다.)

$$\begin{array}{r} CD.CB \\ + CA.DC \\ \hline ABC.DD \end{array}$$

9 다음 표는 지하철 서울역에서 석계역까지의 거리를 나 타낸 표입니다. 서울역에서 석계역까지의 거리는 몇 km입니까? (♥는 서울역에서 동대문까지의 거리 2.1+2.5입니다.)

서울역					
2.1	종 각				
♥	2.5	동대문			
7.8			청량리		
			7.6	석 계	

(단위 : km)

10 1분에 1200 m씩 달리는 버스와 40분에 52 km씩 달리는 자동차가 7.5 km인 도로의 양쪽 끝에 있습니다. 버스와 자동차가 서로 마주 향하여 동시에 출발하였다면, 버스와 자동차는 몇 분 후에 만나겠습니까?

11 다음 표 안의 네 수는 모두 같은 규칙으로 쓰여진 것입니다. 규칙을 찾아 빈 곳에 알맞은 수를 구하시오.

3.14	1.56
1.58	0.02

4.27	1.82
2.45	0.63

8.24	3.49

12 자연수를 넣으면 아래 그림과 같이 소수 두 자리 수의 합으로 계산되어 나오는 연산 상자가 있습니다. 일정한 규칙으로 늘어놓은 자연수 1234567891234…를 넣었더니 46.83이 나왔다면, 넣은 자연수는 몇 자리 수입니까? (단, 넣은 자연수의 자리 수는 3으로 나누어떨어집니다.)

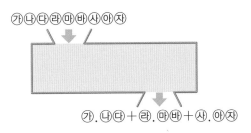

13 다음과 같이 간격이 일정하게 ㉠, ㉡, ㉢, ㉣의 소수를 늘어놓았습니다. ㉢, ㉣의 소수의 합은 ㉠, ㉡의 소수의 합보다 0.48이 크다면, ㉡, ㉢, ㉣ 세 소수의 합은 얼마입니까? (단, ㉠은 0.28입니다.)

14 주어진 6장의 숫자 카드를 모두 사용하여 뺄셈식을 완성하시오.

9 3 4 7 2 5

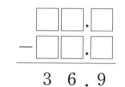

15 어떤 소수의 덧셈 결과를 잘못하여 소수점을 빠뜨렸더니 바른 답과의 차가 2717.55가 되었습니다. 바른 답은 얼마입니까?

16 오른쪽 빈 곳에 의 수를 모두 써넣어 각 변의 수의 합이 같게 해 보시오.

보기
0.6 0.7 0.8 0.9 1 1.1 1.2

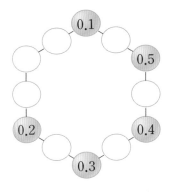

17 수를 일정한 규칙에 따라 늘어놓은 것입니다. 101번째 수와 201번째 수의 합을 구하시오.

0.83, 1, 1.17, 1.34, 1.51, 1.68, ……

18 물이 전체의 $\frac{4}{5}$만큼 들어 있는 그릇의 무게를 재어 보니 3.06 kg이었습니다. 이 그릇에 들어 있는 물의 $\frac{3}{4}$만큼을 마신 후 다시 무게를 재어 보니 2.34 kg이었습니다. 물을 가득 부었을 때, 물이 담긴 그릇의 무게는 몇 kg입니까?

1 ㉠보다 크고 6보다 작은 소수 세 자리 수 중에서 소수 둘째 자리 숫자가 소수 셋째 자리 숫자보다 큰 소수는 모두 몇 개입니까? (단, 소수 셋째 자리 숫자는 0이 아닙니다.)

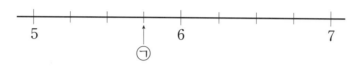

2 1부터 49까지의 자연수를 늘어놓아 다음과 같은 소수를 만들었습니다. 이 소수에서 소수 셋째 자리 숫자와 같은 숫자가 마지막으로 오는 것은 소수점 아래 몇째 자리입니까?

$$0.123456\cdots\cdots474849$$

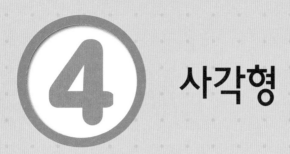

④ 사각형

이야기 수학

✳ **서양보다도 앞선 한국의 수학 역사**

피타고라스는 직각삼각형에서 (밑변)^2＋(높이)^2＝(빗변)^{2}의 관계를 발견한 것으로 유명합니다. 그런데 이 공식은 피타고라스보다도 500년 전, 즉 지금으로부터 3000여년 전에 우리 조상에 의해 이미 발견되었습니다.

신라 시대 때 천문관 교육의 기본 교재인 「주비산경」이란 책에는 (구)^2＋(고)^2＝(현)^{2}이란 공식이 적혀 있는데 이것을 '구고현 정리'라고 합니다.

중국에서는 '구고현 정리'가 3000여년 전 진자에 의해 발견되었다고 해서 '진자의 정리'라고 부르기도 합니다.

4(고) 5(현)

3(구)

🔵 수직과 수선

두 직선이 만나서 이루는 각이 직각일 때, 두 직선은 서로 수직이라고 합니다. 또 두 직선이 서로 수직으로 만나면 한 직선을 다른 직선에 대한 수선이라 합니다.

🔵 삼각자를 이용하여 수선 긋기

🔵 각도기를 이용하여 수선 긋기

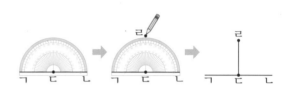

1 서로 수직인 변이 있는 도형을 모두 찾아 기호를 쓰시오.

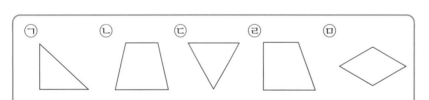

2 오른쪽 그림에서 직선 마에 대한 수선을 찾아 쓰시오.

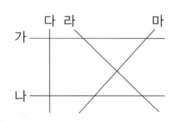

3 직각삼각자를 이용하여 직선 가에 수직인 직선 나를 바르게 그은 것을 모두 고르시오.

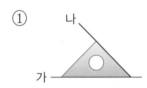
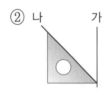
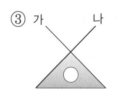

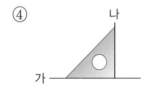
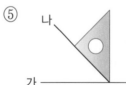

4 점 ㄱ을 지나고 직선 ㄴㄷ에 수직인 직선 을 그으시오.

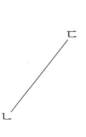

Jump 도우미

④ 한 직선에 대한 수선은 여러 개가 될 수 있지만 한 직선에 대해 한 점을 지나는 수선은 1개뿐입니다.

핵심 응용 그림을 보고 바르게 말한 사람을 찾아 쓰시오.

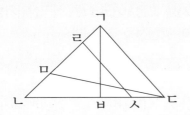

효근 : 수직인 직선은 모두 2쌍이 있구나!

한솔 : 변 ㄴㄷ에 대한 수선은 선분 ㄱㅂ과 선분 ㄹㅅ이야.

상연 : 변 ㄱㄴ에 대한 수선은 2개네.

규형 : 각 ㄱㅂㅅ은 둔각이지.

생각 열기 수선을 찾을 때에는 두 직선이 만나서 이루는 각이 직각인지 알아봅니다.

풀이 두 직선이 만나서 이루는 각이 [   ]일 때, 두 직선을 서로 수직이라 하고 두 직선이 서로 [   ]일 때, 한 직선을 다른 직선에 대한 [   ]이라고 합니다.

변 ㄴㄷ에 대한 수선은 선분 [   ]이고 변 ㄱㄴ에 대한 수선은 선분 [   ]과 변 [   ]이므로 수직인 직선은 모두 [   ]쌍입니다.

따라서 바르게 말한 사람은 [   ]입니다.

답 _____

1 오른쪽 도형에서 변 ㄹㄷ에 대한 수선은 모두 몇 개입니까?

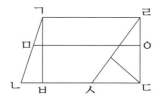

2 직선 가와 나는 서로 수직입니다. ㉠과 ㉡의 합을 구하시오.

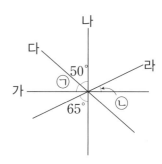

3 오른쪽 직사각형 ㄱㄴㄷㄹ에서 ㉮를 구하시오.

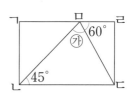

평행과 평행선

- 한 직선에 수직인 두 직선을 그었을 때, 그 두 직선은 서로 만나지 않습니다.
- 서로 만나지 않는 두 직선을 평행하다고 하고, 이때 평행한 두 직선을 평행선이라고 합니다.

주어진 직선과 평행한 직선 긋기

- 직각삼각자 2개를 놓은 후, 한 직각삼각자를 고정시키고 다른 직각삼각자를 움직여 평행선을 긋습니다.

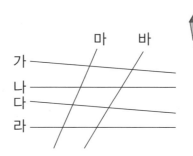

🌱 오른쪽 그림을 보고 물음에 답하시오. [1~2]

마 바
가 ─────
나 ─────
다 ─────
라 ─────

1 직선 가와 평행한 직선을 찾아 쓰시오.

2 직선 라와 평행한 직선을 찾아 쓰시오.

3 평행선을 바르게 그은 것을 모두 고르시오.

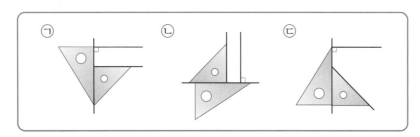

4 점 종이 위에 주어진 선분과 평행한 선분을 3개만 그으시오.

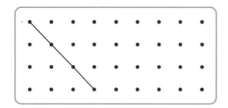

5 점 ㄱ을 지나고 직선 ㄴㄷ과 평행한 직선을 그으시오.

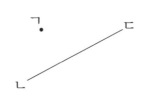

Jump 도우미

💫 한 점을 지나고 주어진 직선과 평행한 직선 긋기

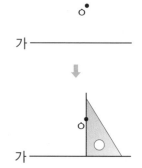

직각삼각자의 한 변을 직선 가에 맞추고, 다른 한 변이 점 ㅇ을 지나도록 놓습니다.

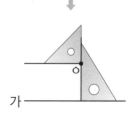

다른 직각삼각자를 이용하여 점 ㅇ을 지나고 직선 가와 평행한 직선을 긋습니다.

 핵심 응용   오른쪽 도형에서 서로 평행한 선분은 모두 몇 쌍입니까?

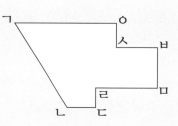

생각열기   서로 만나지 않는 두 직선을 서로 평행하다고 합니다.

풀이   ① 가로 선 중에서 서로 평행한 선분을 찾아보면

선분 ㄱㅇ과 평행한 선분은 선분 ☐ , 선분 ☐ , 선분 ☐ ➡ 3쌍

선분 ㅅㅂ과 평행한 선분은 선분 ☐ , 선분 ☐ ➡ 2쌍

선분 ㄹㅁ과 평행한 선분은 선분 ☐ ➡ 1쌍

② 세로 선 중에서 서로 평행한 선분을 찾아보면

선분 ㅇㅅ과 평행한 선분은 선분 ☐ , 선분 ☐ ➡ 2쌍

선분 ㅂㅁ과 평행한 선분은 선분 ☐ ➡ 1쌍

따라서 서로 평행한 선분은 모두 ☐ + ☐ + ☐ + ☐ + ☐ = ☐ (쌍)입니다.

답 _____

 1   오른쪽 그림에서 서로 평행한 직선은 모두 몇 쌍입니까?

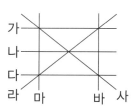

 2   평행선을 가지고 있는 알파벳을 모두 찾아 쓰시오.

ATHNSXZ

 3   오른쪽 그림과 같은 상자 모양에서 서로 평행한 선분은 모두 몇 쌍입니까?

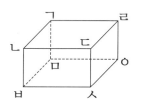

- 평행선 사이의 수선의 길이를 평행선 사이의 거리라고 합니다.
- 평행선 사이의 거리 재기
  ➡ 서로 평행한 두 직선과 수직인 선분을 그어 그 선분의 길이를 잽니다.

Jump 도우미

만나지 않는 두 직선 사이의 가장 짧은 선분의 길이가 평행선 사이의 거리입니다.

1 오른쪽 그림에서 직선 가와 나는 서로 평행합니다. 평행선 사이의 거리를 바르게 나타낸 것을 찾아 기호를 쓰시오.

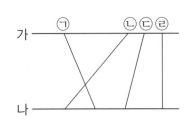

2 오른쪽 도형에서 평행선 사이의 거리를 나타내는 선분을 찾아 쓰시오.

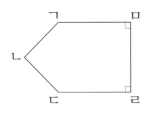

3 오른쪽 도형에서 평행선 사이의 거리는 몇 cm입니까?

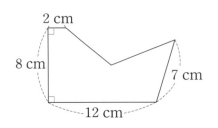

4 오른쪽 그림에서 직선 ㄱㄴ과 직선 ㄷㄹ은 서로 평행합니다. 각 ㅊㅈㅋ의 크기를 구하시오.

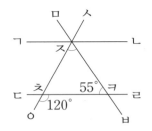

(1) 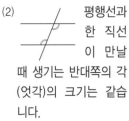 평행선과 한 직선이 만날 때 생기는 같은 쪽의 각(동위각)의 크기는 같습니다.

(2) 평행선과 한 직선이 만날 때 생기는 반대쪽의 각(엇각)의 크기는 같습니다.

5 오른쪽 그림에서 두 직선 가와 나는 서로 평행합니다. ㉠과 ㉡을 각각 구하시오.

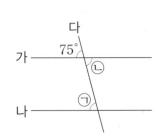

핵심 응용 그림에서 직선 가와 직선 나는 서로 평행합니다. ㉠과 ㉡의 차를 구하시오.

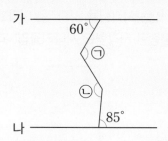

> 평행선과 한 직선이 만날 때 생기는 같은 쪽과 반대쪽의 각의 크기는 각각 같습니다.

풀이 오른쪽 그림과 같이 직선 가와 나에 평행한 보조선
□ 와 □ 를 그어 생각하면,

㉠=☆+□°, ㉡=☆+□° 이므로 ㉠과 ㉡의

차는 □°−□°=□° 입니다.

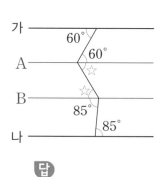

답 _____

---

1 오른쪽 그림과 같이 세 직선 가, 나, 다는 서로
평행합니다. ㉠, ㉡, ㉢을 각각 구하시오.

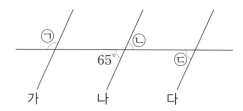

---

2 직선 도로가 오른쪽과 같이 교차되어 있습니다. ㉠과 ㉡
을 각각 구하시오.

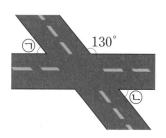

---

3 오른쪽 그림에서 직선 가와 나는 서로 평행합니다. ㉮를 구하시
오.

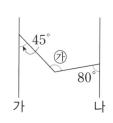

🪐 **사다리꼴**

- 평행한 변이 한 쌍이라도 있는 사각형을 사다리꼴이라고 합니다.
- 마주 보는 두 쌍의 변이 평행한 사각형도 사다리꼴입니다.

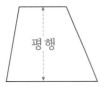

1 사다리꼴을 모두 찾아 기호를 쓰시오.

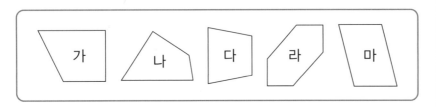

2 사다리꼴에서 각 ㄹㄱㄴ의 크기를 구하시오.

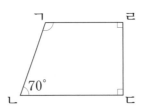

 Jump 도우미

② 사각형의 네 각의 합은 360°
입니다.

3 오른쪽 사각형 ㄱㄴㄷㄹ은 사다
리꼴입니다. 선분 ㄱㄴ에 평행한
선분 ㄹㅁ을 그으면, 선분 ㄴㅁ
은 몇 cm입니까?

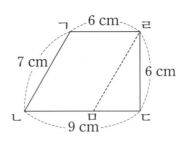

4 오른쪽 그림과 같이 직사각형 안
에 선을 그었습니다. 찾을 수 있
는 크고 작은 사다리꼴은 모두
몇 개입니까?

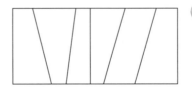

④ 사다리꼴은 마주 보는 한 쌍
의 변이 서로 평행한 사각형
이므로 평행한 두 변을 먼저
찾아봅니다.

핵심 응용   오른쪽 사각형 ㄱㄴㄷㄹ은 사다리꼴입니다.
㉠과 ㉡의 합을 구하시오.

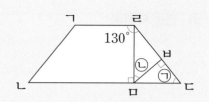

생각 열기   사다리꼴은 마주 보는 한 쌍의 변이 서로 평행한 사각형입니다.

풀이   변 ㄱㄹ과 변 ㄴㄷ은 서로 평행하므로

각 ㄹㄱㄴ과 각 ㄱㄴㄷ의 크기의 합은 ☐ °입니다.

사각형 ㄱㄴㄷㄹ에서 ㉠=360°−(☐ °+ ☐ °)= ☐ °이므로

각 ㅂㅁㄷ은 180°−90°−㉠= ☐ °이고 ㉡은 90°− ☐ °= ☐ °입니다.

따라서 ㉠+㉡= ☐ °+ ☐ °= ☐ °입니다.

답 _____

1 오른쪽 사각형 ㄱㄴㄷㄹ은 사다리꼴이고 삼각형 ㄱ
ㄷㄹ은 변 ㄱㄹ과 변 ㄹㄷ의 길이가 같은 이등변삼
각형입니다. ㉠을 구하시오.

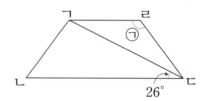

2 오른쪽 사다리꼴 ㄱㄴㄷㄹ에서 변 ㄱㄴ과 변 ㄹㄷ의 길이는
서로 같습니다. 선분 ㄹㅁ은 변 ㄴㄷ의 수선일 때, 변 ㄴㄷ
의 길이는 몇 cm입니까?

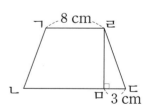

3 오른쪽 사다리꼴 ㄱㄴㄷㄹ에서 선분 ㄱㄴ과 선분 ㄱ
ㄹ의 길이가 각각 7 cm일 때, 사다리꼴의 둘레는 몇
cm입니까?

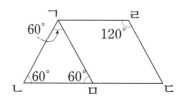

평행사변형

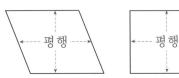

평행　평행

마주 보는 두 쌍의 변이 서로 평행한 사각형을 평행사변형이라고 합니다.

평행사변형의 성질

• 마주 보는 변의 길이가 같습니다.
• 마주 보는 각의 크기가 같습니다.
• 이웃하는 두 각의 합은 180°입니다.
• 모양과 크기가 같은 삼각형 2개로 나누어집니다.

1 도형은 평행사변형입니다. □ 안에 알맞은 수를 써넣으시오.

(1)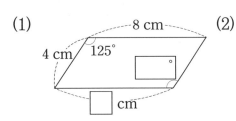

(2)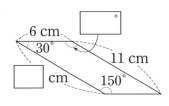

Jump 도우미

⑦ 평행사변형은 마주 보는 변의 길이가 같고 마주 보는 각의 크기가 같습니다.

2 오른쪽 사각형 ㄱㄴㄷㄹ은 둘레가 80 cm인 평행사변형입니다. 물음에 답하시오.

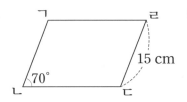

(1) 각 ㄴㄷㄹ의 크기를 구하시오.
(2) 변 ㄴㄷ의 길이는 몇 cm입니까?

② 각 ㄷㄹㄱ은 70°이고 각 ㄹㄱㄴ과 각 ㄴㄷㄹ은 크기가 같습니다.

3 오른쪽 평행사변형에서 각 ㄱㄷㄹ의 크기를 구하시오.

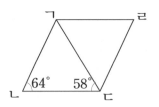

③ (각 ㄱㄴㄷ)＋(각 ㄴㄷㄹ)
＝180°

4 오른쪽 사각형 ㄱㄴㄷㄹ은 평행사변형입니다. 각 ㄱㄹㄷ의 크기를 구하시오.

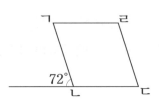

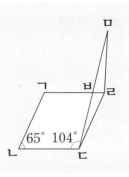

핵심 응용 오른쪽 그림에서 사각형 ㄱㄴㄷㄹ은 평행사변형이고 삼각형 ㅁㄷㄹ은 이등변삼각형입니다. 각 ㅁㅂㄹ의 크기를 구하시오.

🔆 평행사변형에서 이웃하는 두 각의 크기의 합은 180°입니다.

풀이 (각 ㄱㄴㄷ)=(각 ㄱㄹㄷ)=☐°이고, (각 ㄴㄷㄹ)=180°−65°=☐°,

(각 ㅂㄷㄹ)=115°−☐°=☐°입니다.

(각 ㄷㅂㄹ)=180°−☐°−☐°=☐°이므로

(각 ㅁㅂㄹ)=180°−☐°=☐°입니다.

답 _____

1 오른쪽 사각형 ㄱㄴㄷㄹ은 사다리꼴입니다. 변 ㄱㄴ과 평행한 선분 ㄹㅁ을 그었을 때, 삼각형 ㄹㅁㄷ의 둘레는 몇 cm입니까?

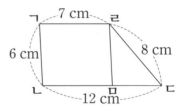

2 오른쪽 그림과 같이 평행사변형 ㄱㄴㄷㄹ과 정삼각형 ㅁㄷㅂ이 겹쳐 있습니다. ㉠과 ㉡의 합을 구하시오.

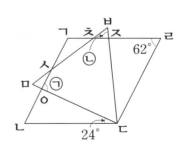

 마름모

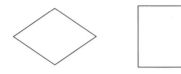

네 변의 길이가 모두 같은 사각형을 마름모라

고 합니다.

◆ 마름모의 성질

• 마주 보는 두 쌍의 변이 서로 평행합니다.
• 마주 보는 각의 크기가 같습니다.
• 네 변의 길이가 모두 같습니다.
• 대각선은 서로 수직이등분됩니다.

1 도형은 마름모입니다. 변 ㄷ ㄹ의 길이와 각 ㄱㄴㄷ의 크 기를 각각 구하시오.

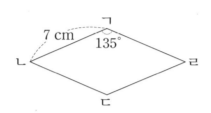

2 도형은 마름모입니다. 이 마름모의 네 변의 길이의 합은 몇 cm입니까?

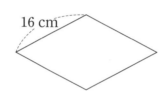

② 마름모는 네 변의 길이가 모두 같습니다.

3 오른쪽 평행사변형 ㄱㄴㄷㄹ 에서 사각형 ㄱㄴㅂㅁ이 마름 모일 때 □ 안에 알맞은 수를 써넣으시오.

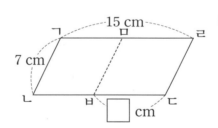

③ 먼저 변 ㄴㅂ의 길이를 구합 니다.

4 오른쪽 마름모에서 □ 안에 알맞은 수를 써넣으시오.

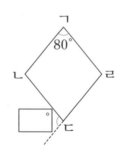

핵심 응용

사각형 ㄱㄴㄷㄹ은 마름모입니다. 각 ㄴㄱㄹ의 크기가 120°일 때, 각 ㄷㄴㄹ의 크기를 구하시오.

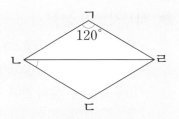

생각 열기 마름모에서 마주 보는 각의 크기가 같습니다.

풀이 마름모에서 마주 보는 각의 크기는 같으므로

각 ㄴㄷㄹ은 $\boxed{}$° 입니다.

삼각형 ㄴㄷㄹ은 이등변삼각형이므로

(각 ㄷㄴㄹ)=(각 ㄷㄹㄴ)=(180°−$\boxed{}$°)÷2=$\boxed{}$° 입니다.

답 _____

1 철사로 오른쪽 그림과 같은 평행사변형을 만들었습니다. 이 철사를 다시 펴서 마름모를 만들려고 합니다. 만들 수 있는 가장 큰 마름모의 한 변의 길이는 몇 cm입니까?

2 오른쪽 그림과 같은 직각삼각형 4개를 이어 붙여서 마름모를 만들었습니다. 이 마름모의 두 대각선의 길이의 합은 몇 cm 입니까?

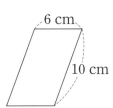

3 오른쪽 그림은 평행사변형 ㄱㄴㄷㄹ과 마름모 ㅁㅂㄷㄹ을 겹쳐서 그린 도형입니다. 변 ㄱㅂ과 변 ㅁㅂ의 길이가 같을 때 도형 ㄱㄴㄷㄹㅁㅂ의 둘레는 몇 cm 입니까?

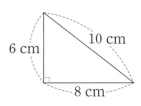

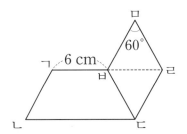

⬧ **직사각형의 성질**
- 네 각이 모두 직각입니다.
- 마주 보는 두 변의 길이가 서로 같습니다.
- 마주 보는 두 쌍의 변이 서로 평행합니다.
- 두 대각선의 길이가 같습니다.

⬧ **정사각형의 성질**
- 네 각이 모두 직각입니다.
- 네 변의 길이가 모두 같습니다.
- 마주 보는 두 쌍의 변이 서로 평행합니다.
- 두 대각선의 길이가 같습니다.

1 사각형을 보고 물음에 답하시오.

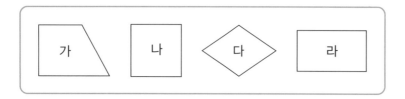

(1) 사다리꼴을 모두 찾아 기호를 쓰시오.

(2) 평행사변형을 모두 찾아 기호를 쓰시오.

(3) 직사각형을 모두 찾아 기호를 쓰시오.

2 ☐ 안에 알맞은 수를 써넣으시오.

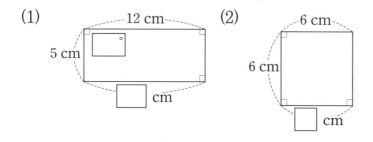

3 사각형에 대한 설명으로 틀린 것을 찾아 기호를 쓰시오.

> ㉠ 정사각형은 직사각형입니다.
> ㉡ 평행사변형은 사다리꼴입니다.
> ㉢ 직사각형은 마름모입니다.

4 오른쪽 직사각형을 한 변이 3 cm 인 정사각형 8개로 나누어 보시오.

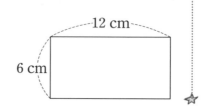

Jump 도우미

- 직사각형은 사다리꼴, 평행사변형이라고 할 수 있습니다.
- 정사각형은 직사각형 또는 마름모라고 할 수 있습니다.

② 직사각형과 정사각형의 성질을 알아봅니다.

Jump 2 핵심응용하기

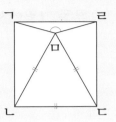

핵심 응용 오른쪽 그림과 같이 정사각형 ㄱㄴㄷㄹ 안에 정삼각형 ㅁㄴ ㄷ을 그렸습니다. 각 ㄱㅁㄹ의 크기를 구하시오.

정사각형은 네 각이 모두 직각입니다.

풀이 (각 ㄱㄴㅁ)=90°− ☐ °= ☐ °, 삼각형 ㄱㄴㅁ은 이등변삼각형이므로

(각 ㄴㄱㅁ)=(180°− ☐ °)÷2= ☐ °,

(각 ㅁㄱㄹ)=90°− ☐ °= ☐ °입니다.

각 ㄱㄹㅁ의 크기도 각 ㅁㄱㄹ의 크기와 같으므로 (각 ㄱㄹㅁ)= ☐ °입니다.

따라서 (각 ㄱㅁㄹ)=180°−15°− ☐ °= ☐ °입니다.

답 _____

1 오른쪽 그림과 같이 직사각형 모양의 색종이를 접었습니다. ㉮를 구하시오.

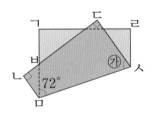

2 오른쪽 그림은 정사각형 ㄱㄴㄷㄹ과 마름모 ㄹㄷㅁㅂ으로 이루어진 도형입니다. 각 ㅁㄴㄷ의 크기를 구하시오.

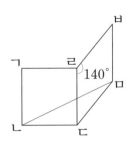

3 그림과 같이 평행사변형, 정사각형, 마름모를 겹치지 않게 붙여 도형을 만들었습니다. 도형의 둘레는 몇 cm입니까?

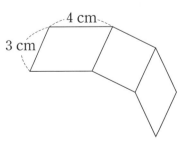

4. 사각형 **91**

1 오른쪽 그림에서 서로 평행한 직선은 모두 몇 쌍입니까?

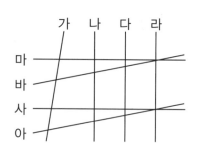

2 오른쪽 그림에서 ㉠을 구하시오. (단, 직선 가, 나, 다는 서로 평행합니다.)

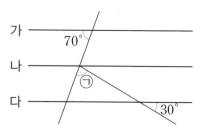

3 오른쪽 그림에서 각 ㄷㅁㄹ의 크기를 구하시오.

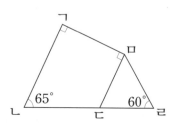

4 오른쪽 그림에서 직선 가, 나는 서로 평행하고 ㉠과 ㉡이 같을 때, ㉢을 구하시오.

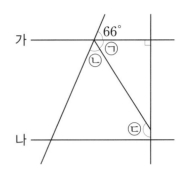

5 오른쪽 그림에서 직선 ㄱㄴ, ㄷㄹ, ㅁㅂ이 서로 평행할 때, 각 ㅌㅋㅍ의 크기를 구하시오.

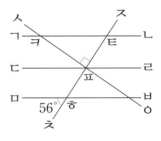

6 직사각형 모양의 종이 테이프를 오른쪽 그림과 같이 접었습니다. ㉠을 구하시오.

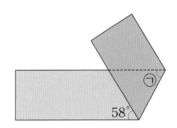

7 오른쪽 그림에서 직선 ㄱㄴ과 직선 ㄷㄹ은 서로 평행합니다. 각 ㅁㅇㅅ의 크기가 각 ㅁㅂㅅ의 2배일 때, 각 ㅇㅁㅂ의 크기를 구하시오.

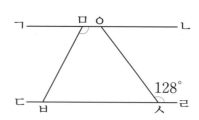

8 오른쪽 그림에서 직선 가와 직선 나가 서로 평행할 때, ㉠을 구하시오.

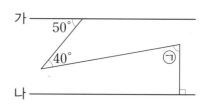

9 오른쪽 그림에서 직선 가와 직선 나가 서로 평행할 때, 직선 가와 직선 나 사이의 거리는 몇 cm입니까?

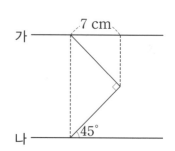

10 오른쪽 그림에서 직선 가와 나는 서로 평행합니다. ㉠, ㉡을 각각 구하시오.

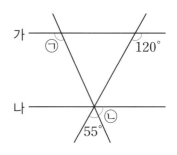

11 오른쪽 그림에서 찾을 수 있는 크고 작은 평행사변형은 모두 몇 개입니까?

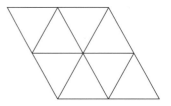

12 오른쪽 그림에서 삼각형 ㄱㄴㄷ은 이등변삼각형, 사각형 ㄹㅁㄷㅂ은 사다리꼴, 사각형 ㄹㅁㄴㅇ은 평행사변형입니다. ㉠과 ㉡의 차를 구하시오.

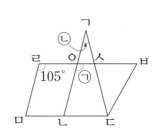

13 오른쪽 그림과 같이 정사각형 모양의 색종이를 접었습니다. 각 ㅂㅁㅈ의 크기를 구하시오.

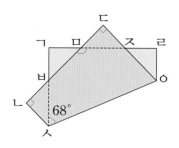

14 오른쪽 그림에서 사각형 ㄱㄴㄷㄹ은 정사각형이고 삼각형 ㄴㄷㅁ은 이등변삼각형입니다. 각 ㄹㅁㅂ의 크기를 구하시오.

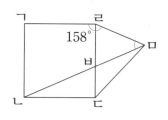

15 오른쪽 도형에서 찾을 수 있는 크고 작은 사각형은 모두 몇 개입니까?

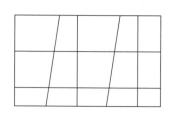

16 정사각형을 2개 붙여 놓은 모양의 직사각형 종이를 다음과 같이 두 번 접어서 점선을 따라 잘랐습니다. 자른 종이를 펼쳤을 때 만들어지는 도형의 이름으로 알맞은 것을 모두 고르시오.

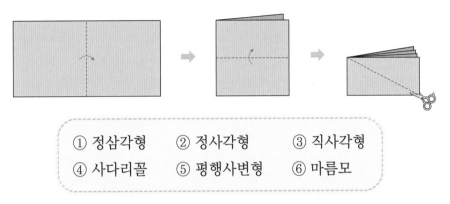

① 정삼각형　② 정사각형　③ 직사각형
④ 사다리꼴　⑤ 평행사변형　⑥ 마름모

17 오른쪽 도형은 모양과 크기가 같은 작은 정삼각형을 겹치지 않게 붙여서 만든 것입니다. 크고 작은 마름모는 모두 몇 개입니까?

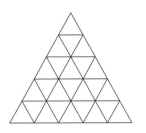

18 오른쪽 평행사변형 ㄱㄴㄷㄹ에서 각 ㄴㄷㅁ과 각 ㅁㄷㄹ의 크기가 같을 때, 각 ㄱㅁㄷ의 크기를 구하시오.

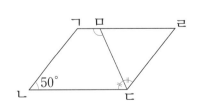

4. 사각형　**97**

1 오른쪽 그림에서 직선 가와 나는 서로 평행합니다.
㉠을 구하시오.

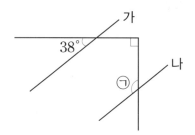

2 오른쪽 그림에서 직선 가와 나는 서로 평행합니다.
㉠을 구하시오.

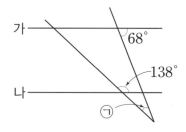

3 오른쪽 그림에서 선분 ㄱㄴ, 선분 ㄴㄷ, 선분 ㄴ
ㄹ의 길이가 모두 같고, 선분 ㄴㄷ과 선분 ㄹㅁ이
서로 평행할 때, ㉠을 구하시오.

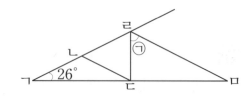

4 오른쪽 그림에서 선분 ㄱㅂ과 선분 ㄷㄹ, 선분 ㄱㄴ과 선분 ㅁㄹ, 선분 ㄴㄷ과 선분 ㅂㅁ이 평행할 때, 각 ㄱㄴㄷ의 크기를 구하시오.

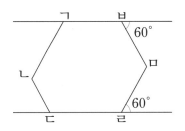

5 오른쪽 그림에서 직선 가와 직선 나가 서로 평행할 때, ㉠, ㉡, ㉢, ㉣의 합을 구하시오.

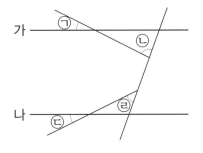

6 오른쪽 그림에서 직선 가와 나는 서로 평행하고 각 ㄱㄹㄴ은 각 ㄴㄹㄷ의 3배일 때, 각 ㄹㄴㄷ의 크기를 구하시오.

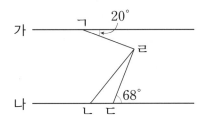

7 오른쪽 그림에서 직선 가와 나, 직선 다와 라는 각각 서로 평행합니다. ㉠을 구하시오.

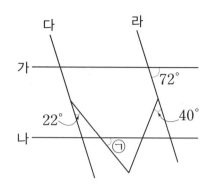

8 오른쪽 그림에서 선분 ㄱㅁ과 선분 ㄴㄹ은 서로 평행하고, 선분 ㄷㅁ과 선분 ㄹㅁ의 길이는 같습니다. ㉠과 ㉡의 각도의 차를 구하시오.

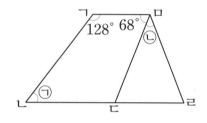

9 오른쪽 그림은 직사각형 모양의 종이 테이프를 접은 것입니다. ㉠을 구하시오.

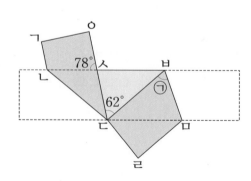

10 오른쪽 그림에서 직선 가, 나는 서로 평행할 때, ㉠을 구하시오.

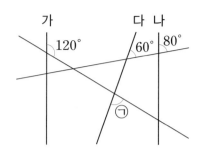

11 오른쪽 도형에서 찾을 수 있는 크고 작은 사각형은 모두 몇 개입니까?

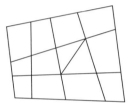

12 다음과 같이 빗변의 길이가 같은 사다리꼴이 있습니다. 이 사다리꼴을 빗변끼리 이어 붙이려고 합니다. 겹치는 부분이 없이 이어 붙일 수 있는 사다리꼴은 모두 몇 개입니까?

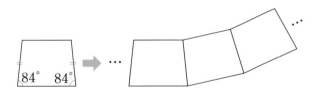

13 오른쪽 도형에서 찾을 수 있는 크고 작은 사각형 중 별 (★)을 반드시 포함하는 사각형은 모두 몇 개입니까?

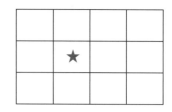

14 오른쪽 그림과 같이 직사각형 ㄱㄴㄷㄹ 안에 마름모 ㅁㅂㅅㅇ을 그렸습니다. ㉠과 ㉡의 차를 구하시오.

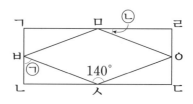

15 오른쪽 도형에서 찾을 수 있는 크고 작은 사다리꼴은 모두 몇 개입니까?

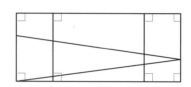

80점 이상	▶ 영재교육원 문제를 풀어 보세요.
60점 이상~80점 미만	▶ 틀린 문제를 다시 확인 하세요.
60점 미만	▶ 왕문제를 다시 풀어 보세요.

16 직사각형 ㄱㄴㄷㄹ과 마름모 ㅁㅂㅅㅇ이 오른쪽 그림
과 같이 겹쳐 있습니다. 각 ㉠의 크기는 몇 도입니까?

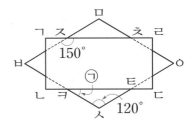

17 오른쪽 그림과 같이 평행사변형을 접었을 때 각 ㉠과 각 ㉡
의 크기의 차는 몇 도입니까?

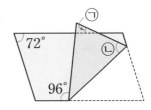

18 오른쪽 그림에서 사각형 ㄱㄴㄷㄹ은 변 ㄱㄴ과 변 ㄹ
ㄷ의 길이가 같은 사다리꼴이고 각 ㄱㄴㄹ의 크기는
각 ㄹㄴㄷ의 크기의 반일 때 각 ㄹㄱㄴ의 크기와 각 ㄴ
ㄷㄹ의 크기의 차는 몇 도입니까?

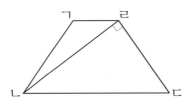

1 크기가 같은 정사각형 모양의 색종이 8장을 오른쪽 그림과 같이 겹쳐 놓았습니다. 가장 아래에 있는 색종이는 어느 것인지 알아보시오.

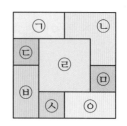

(1) 가장 위에 있는 색종이를 하나씩 뺀 모양을 차례로 그려 보시오.

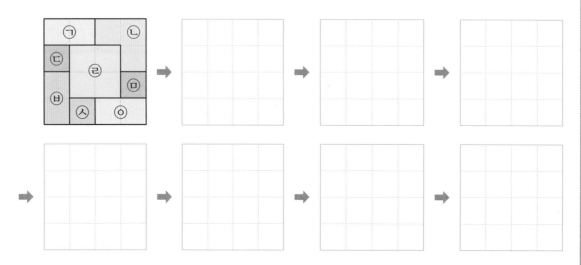

(2) 가장 아래에 있는 색종이는 어느 것인지 기호를 쓰시오.

5 꺾은선그래프

1. 꺾은선그래프 알아보기
2. 꺾은선그래프의 내용 알아보기
3. 꺾은선그래프 그리기
4. 꺾은선그래프의 쓰임새 알아보기

이야기 수학

✽ 정보화 시대

사람들은 오늘날을 흔히 '정보화 시대'라고 말합니다.

매일 매일 다양하고 새로운 정보가 쏟아지고 있는데 이러한 정보를 누가 더 유용하게 활용하느냐에 성공의 비결이 있습니다.

지난 자료들을 잘 분석해 보면 일정한 특징을 발견하게 되어 앞으로 일어날 일들을 예측할 수 있습니다.

우리 생활에서 꺾은선그래프는 일기의 변화, 강수량의 변화, 주식 가격의 변화 등 다양하게 활용되고 있습니다.

Jump 1 핵심알기   1. 꺾은선그래프 알아보기

꺾은선그래프

• 몸무게나 온도, 키와 같이 연속적으로 변화하는 양을 점으로 찍고 그 점들을 선분으로 연결하여 한눈에 알아보기 쉽게 나타낸 그래프를 꺾은선그래프라고 합니다.

• 변화하는 모양과 정도를 알아보기 쉽습니다.

• 조사하지 않은 중간의 값도 예상할 수 있습니다.

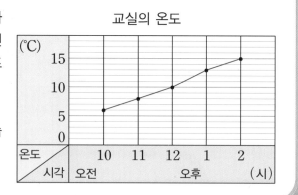

교실의 온도

그래프를 보고 물음에 답하시오. [1~5]

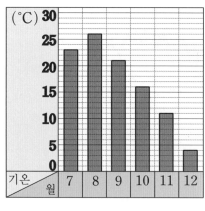
월평균 기온

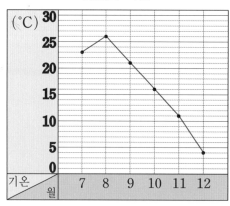
월평균 기온

1 위의 두 그래프는 무엇을 조사하여 나타낸 것입니까?

2 가로와 세로는 각각 무엇을 나타낸 것입니까?

3 두 그래프의 같은 점은 무엇인지 2가지만 쓰시오.

4 두 그래프의 다른 점은 무엇인지 2가지만 쓰시오.

5 기온의 변화를 한눈에 알아보기 쉬운 그래프는 어느 것입니까?

> **Jump 도우미**
>
> 막대그래프와 꺾은선그래프를 보고 같은 점과 다른 점을 알아봅니다.

Jump 2 핵심응용하기

핵심 응용 오른쪽 그래프는 고장난 수도꼭지에서 흘러나오는 물을 양동이에 받으며 매 시각마다 양동이에 고인 물의 양을 재어 나타낸 꺾은선그래프입니다. 물이 가장 많이 흘러나온 때는 오후 몇 시와 몇 시 사이이고 그때의 흘러나온 물의 양은 몇 L입니까?

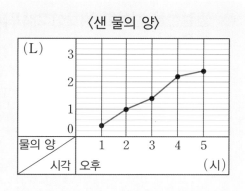

〈샌 물의 양〉

 선분의 기울어진 정도를 살펴봅니다.

풀이 물이 가장 많이 흘러나온 때는 선분의 기울어진 정도가 가장 심한 오후 ☐시와 ☐시 사이입니다.

세로 눈금 한 칸은 ☐ L를 나타내므로 오후 3시까지 흘러나온 물의 양은 ☐ L이고 오후 4시까지 흘러나온 물의 양은 ☐ L입니다.

따라서 오후 3시와 오후 4시 사이에 흘러나온 물은 ☐ − ☐ = ☐ (L)입니다.

 답 _____

1 오른쪽 그래프는 어느 공장에서 연도별로 생산한 장난감 자동차의 수를 나타낸 꺾은선그래프입니다. 장난감 자동차 생산량이 가장 많았을 때와 가장 적었을 때의 차는 몇 개입니까?

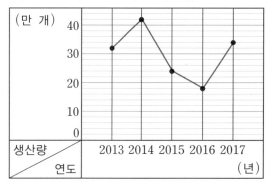

〈장난감 자동차 생산량〉

2 오른쪽 그래프는 교실과 운동장의 온도를 조사하여 나타낸 꺾은선그래프입니다. 교실과 운동장의 온도 차가 가장 클 때는 몇 시이고 그때의 온도 차는 몇 ℃ 입니까?

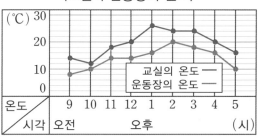

〈교실과 운동장의 온도〉

🌀 물결선을 사용한 꺾은선그래프의 특징

〈예슬이의 체온〉

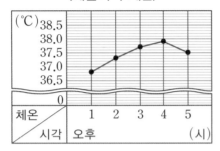

• 꺾은선그래프를 그릴 때, 필요 없는 부분은 ≈물결선으로 줄여서 그립니다.
• 물결선을 사용한 꺾은선그래프는 자료의 변화를 자세하게 나타낼 수 있습니다.

🌀 꺾은선그래프의 내용 알아보기

• 제목을 보고 무엇을 조사하여 나타낸 것인지 알아봅니다.
• 가로와 세로에 무엇을 나타내었는지 알아봅니다.
• 눈금 한 칸의 크기가 얼마인지 알아봅니다.
• 꺾은선의 기울기를 보고 변화가 심한 때를 알아봅니다. 심하게 변할 때는 선이 많이 기울어집니다.
• 언제부터 언제까지 조사하였는지 조사한 기간을 알아봅니다.
• 앞으로 어떻게 변화 할 지 예상해 봅니다.

🌱 영수의 키를 매월 1일에 측정하여 나타낸 꺾은선그래프입니다. 물음에 답하시오. [1~4]

가 〈영수의 키〉

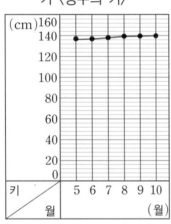

나 〈영수의 키〉

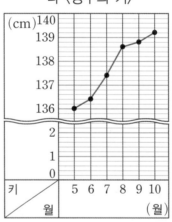

Jump 도우미

꺾은선그래프에서 자료의 최소 눈금 아래 필요 없는 부분을 물결선으로 생략하여 나타내면 변화하는 모습을 알아보기에 편리합니다.

1 가와 나 그래프 중에서 영수의 키의 변화를 더 뚜렷하게 알아볼 수 있는 것은 어느 것입니까?

2 가 그래프의 세로 눈금 한 칸의 크기는 얼마입니까?

3 나 그래프의 세로 눈금 한 칸의 크기는 얼마입니까?

4 영수의 키가 가장 많이 자란 달은 몇 월입니까?

④ 그래프에서 선분의 기울어진 정도가 가장 큰 부분을 찾습니다.

 핵심 응용

오른쪽 그래프는 가영이의 몸무게를 두 달마다 말일에 측정하여 나타낸 꺾은선그래프입니다. 가영이의 6월 30일 몸무게는 약 몇 kg이라고 생각할 수 있습니까?

〈가영이의 몸무게〉

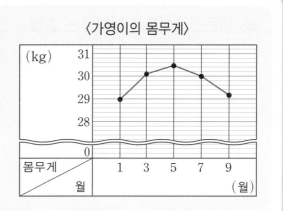

생각열기 꺾은선그래프에서 세로 눈금 한 칸이 몇 kg을 나타내는지 생각해 봅니다.

풀이 세로 눈금은 28 kg부터 29 kg까지 5칸으로 나누어져 있으므로 작은 눈금 한 칸의

크기는 ☐ kg을 나타냅니다.

가영이의 5월 31일 몸무게는 ☐ kg이고 7월 31일 몸무게는 ☐ kg이므로

☐ − ☐ = ☐ (kg)만큼 줄었습니다.

따라서 0.2＋0.2＝0.4이므로 가영이의 6월 30일 몸무게는 대략 5월 31일보다 0.2

kg 줄어든 ☐ − ☐ = ☐ (kg)입니다.

답

 1

오른쪽 그래프는 어느 도시의 연도별 인구를 매년 12월 말에 조사하여 나타낸 꺾은선그래프입니다. 전년도에 비해 인구의 변화가 가장 심한 때는 언제이고 그때의 인구 수의 차는 몇 명입니까?

〈연도별 인구〉

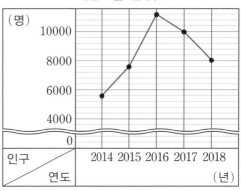

 2

오른쪽 그래프는 어느 마을의 인삼 생산량을 매년마다 조사하여 나타낸 꺾은선그래프입니다. 인삼 생산량이 350 kg보다 많은 해는 모두 몇 번입니까?

〈연도별 인삼 생산량〉

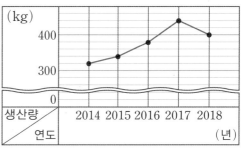

꺾은선그래프로 나타내는 방법

1. 가로와 세로에 무엇을 나타낼 것인지 정합니다.
2. 눈금 한 칸의 크기를 정하고, 조사한 수 중에서 가장 큰 수를 나타낼 수 있도록 눈금의 수를 정합니다.
3. 가로 눈금과 세로 눈금이 만나는 자리에 점을 찍습니다.
4. 점들을 선분으로 연결합니다.
5. 꺾은선그래프에 알맞은 제목을 붙입니다.

교실의 온도를 조사하여 나타낸 표를 보고 꺾은선그래프 그리기

교실의 온도

시각(시)	11	12	1	2	3
온도(℃)	8	9	12	14	13

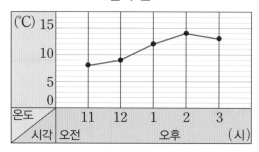

한초의 몸무게를 매년 12월 말일에 조사하여 나타낸 표입니다. 물음에 답하시오. [1~3]

〈한초의 몸무게〉

학년	1	2	3	4	5	6
몸무게(kg)	17	20	25	29	32	33

1 꺾은선그래프를 그리려고 할 때, 가로와 세로 눈금에는 각각 무엇을 나타내면 좋겠습니까?

2 그래프의 세로 눈금 한 칸의 크기는 얼마로 하는 것이 좋겠습니까?

3 위의 표를 보고 꺾은선그래프로 나타내시오.

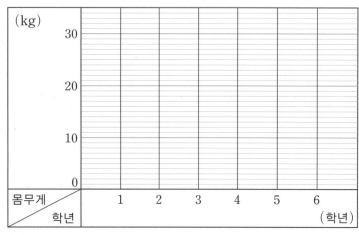

〈한초의 몸무게〉

Jump 도우미

꺾은선그래프를 그리는 방법
① 가로 눈금과 세로 눈금을 무엇으로 할지 정합니다.
② 세로 눈금 한 칸의 크키를 정합니다.
③ 가로 눈금과 세로 눈금이 만나는 자리에 조사한 내용을 점으로 찍습니다.
④ 점들을 선분으로 연결합니다.
⑤ 꺾은선그래프의 제목을 씁니다.

 Jump② 핵심응용하기

핵심 응용

오른쪽 그래프는 3월부터 11월까지 두 달 간격으로 그 달의 효근이의 휴대폰 통화량을 조사하여 나타낸 꺾은선그래프입니다. 5개월 동안 사용한 총 통화량이 430통이라면, 9월의 통화량은 5월의 통화량보다 몇 통 더 많은지 구하고 그래프를 완성하시오.

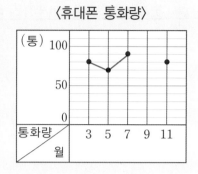

〈휴대폰 통화량〉

생각열기 3월부터 11월까지 휴대폰 통화량을 알아봅니다.

 풀이

월	3	5	7	9	11
통화량(통)	80	70	90	□	80

전체 통화량이 430통이고 9월의 통화량을 □라 하면

☐ + ☐ + ☐ + □ + ☐ = ☐ , □ = ☐ (통)입니다.

따라서 9월의 통화량은 5월의 통화량보다 ☐ − ☐ = ☐ (통) 더 많습니다.

 답 _____

1 새 색연필을 사용하면서 남은 길이를 6월 1일부터 매주 기록한 표입니다. 세로 눈금 한 칸이 0.5 cm인 꺾은선그래프로 나타낼 때, 6월 8일과 6월 29일의 세로 눈금은 몇 칸 차이가 납니까?

〈색연필의 길이〉

날짜(일)	1	8	15	22	29
색연필의 길이(cm)	20	17	15	11	8

2 오른쪽 그래프는 66 L들이의 빈 수조에 일정한 양의 물을 넣을 때 물을 넣은 시간과 물의 양의 관계를 나타낸 꺾은선그래프입니다. 중간에 한 번 수도를 잠갔다가 다시 틀었다고 할 때, 수조에 물이 가득 찰 때는 물을 넣기 시작한 지 몇 분 후입니까?

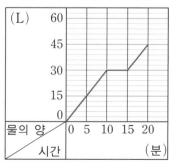

〈수조에 넣은 물의 양〉

🔵 **몸무게와 키를 매년 3월 초에 조사하여 나타낸 꺾은선그래프에서 알 수 있는 내용**

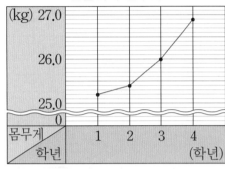

· 몸무게는 3년 동안 1.7 kg 늘었고 키는 3년 동안 18 cm가 자랐습니다.

· 몸무게가 가장 많이 늘어난 때는 3학년 때이고 키가 가장 많이 자란 해는 2학년 때입니다.

🌱 3월부터 8월까지의 기온과 수온을 나타낸 꺾은선그래프입니다. 물음에 답하시오. [1~4]

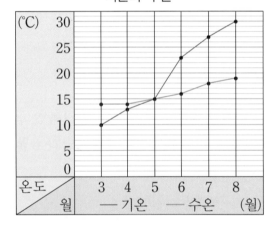

1 기온과 수온이 같은 때는 몇 월입니까?

2 수온이 기온보다 높은 때를 모두 쓰시오.

3 기온과 수온의 차가 가장 큰 때의 온도의 차는 몇 도입니까?

4 기온과 수온 중 온도의 변화가 더 심한 것은 무엇입니까?

Jump 2 핵심응용하기

핵심 응용 교실의 온도와 운동장의 온도를 조사하여 나타낸 꺾은선그래프입니다. 교실과 운동장의 온도 차가 가장 큰 때는 몇 시이고, 이때의 온도 차는 몇 도입니까?

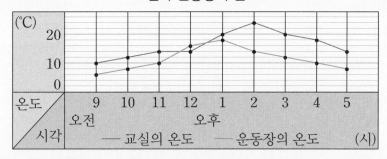

교실과 운동장의 온도

 세로의 눈금 한 칸의 크기를 구하고, 같은 시각에 두 그래프가 나타내는 눈금 수의 차를 알아봅니다.

풀이 0℃와 10℃ 사이가 세로의 눈금 ☐칸으로 나누어져 있으므로 세로의 눈금 한 칸

의 크기는 $10 \div$ ☐ $=$ ☐ (℃)입니다. 교실과 운동장의 온도 차가 가장 큰 때는

☐ 시이고, 이때의 두 점 사이의 눈금이 ☐ 칸이므로 온도 차는

☐ $\times$ ☐ $=$ ☐ (℃)입니다.

답 _____

1 어느 두 도시의 월 평균 기온을 조사하여 나타낸 꺾은선그래프입니다. 월 평균 기온의 차가 가장 큰 때는 몇 월이고, 이때의 온도 차는 몇 도입니까?

두 도시의 월 평균 기온

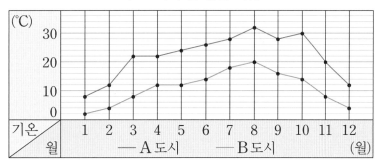

1 민지의 키를 매년 1월에 조사하여 나타낸 표입니다. 표를 보고 꺾은선그래프로 나타낼 때 선분의 기울어진 정도가 가장 큰 때는 몇 살과 몇 살 사이입니까?

민지의 키

나이(살)	6	7	8	9	10	11
키(cm)	119	121	127	132	135	143

2 현우의 체온을 매 시각마다 조사하여 나타낸 꺾은선그래프입니다. 오전 7시 15분에 현우의 체온은 약 몇 도입니까?

현우의 체온

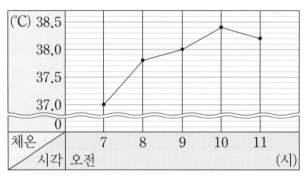

3 고장난 수도꼭지에서 샌 물을 받아서 매 시각마다 물의 양을 재어 나타낸 꺾은선그래프입니다. 물은 한 시간 동안 최대 몇 L 샜습니까?

샌 물의 양

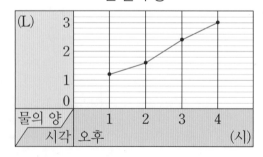

4 일주일 동안 문구점의 공책 판매량을 조사하여 나타낸 꺾은선그래프입니다. 공책 한 권에 750원이라고 할 때, 일주일 동안 문구점에서 판 공책값은 모두 얼마입니까?

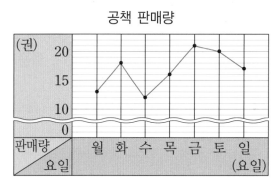

공책 판매량

5 버스가 일정한 빠르기로 간 거리를 나타낸 꺾은선그래프입니다. 이 버스가 같은 빠르기로 간다면, 35분 동안 가는 거리는 몇 km가 되겠습니까?

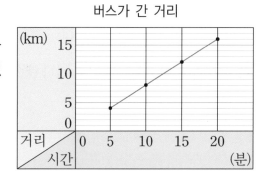

버스가 간 거리

6 희진이의 3월부터 7월까지의 국어와 수학 점수를 나타낸 표와 월별 합계 점수를 나타낸 꺾은선그래프입니다. 표와 꺾은선그래프를 완성하시오.

국어와 수학 점수

월	3	4	5	6	7	합계
국어 점수(점)	85		90	84		445
수학 점수(점)	83	87				425

월별 합계 점수

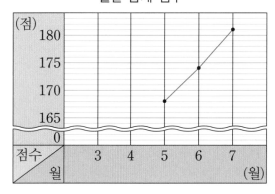

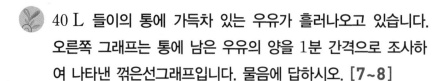 40 L 들이의 통에 가득차 있는 우유가 흘러나오고 있습니다. 오른쪽 그래프는 통에 남은 우유의 양을 1분 간격으로 조사하여 나타낸 꺾은선그래프입니다. 물음에 답하시오. [7~8]

7 우유가 가장 많이 흘러나온 때는 몇 분과 몇 분 사이입니까?

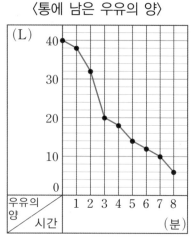

〈통에 남은 우유의 양〉

8 **7**에서 우유는 몇 L 흘러나왔습니까?

오른쪽 그래프는 어느 날 내린 비를 물통에 받았을 때 물의 높이를 나타낸 것입니다. 물음에 답하시오. [9~10]

9 오전 11시부터 오후 3시까지 내린 비는 몇 mm입니까?

〈물의 높이〉

10 비가 내리는 것이 멈췄을 때와 비가 가장 많이 내린 때는 각각 몇 시부터 몇 시까지입니까?

11 운동장의 온도를 조사하여 나타낸 표와 꺾은선그래프입니다. 꺾은선그래프를 완성하고, 오후 4시의 운동장의 온도는 어떻게 변할지 예상하여 보시오.

〈운동장의 온도〉

시각(시)	11	12	1	2	3
온도(℃)	4	6	9	11	10

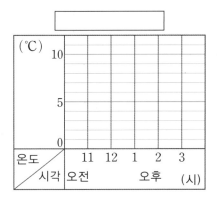

12 위의 문제에서 오전 11시 30분의 운동장의 온도는 약 몇 도라고 생각할 수 있습니까?

13 어느 과일 가게의 연도별 사과 판매량을 나타낸 꺾은선그래프입니다. 사과 한 상자에 28000원이라고 할 때, 사과를 팔아서 받은 돈이 바로 전년도보다 줄어든 해는 언제이고, 받은 돈은 얼마나 줄었습니까?

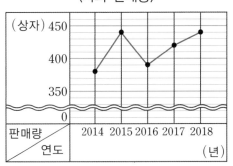

〈사과 판매량〉

14 오른쪽 그래프는 상연이와 가영이의 몸무게를 매년 5월에 조사하여 나타낸 꺾은선그래프입니다. 그래프에서 상연이와 가영이의 몸무게가 같았던 때는 모두 몇 번입니까?

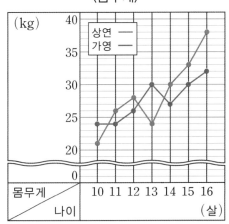

〈몸무게〉

15 규형이는 자전거를 타고 집에서 9 km 떨어진 할머니 댁에 심부름을 다녀왔습니다. 오른쪽 그래프는 규형이가 집에서 출발하여 집에서 떨어진 거리와 시간과의 관계를 나타낸 것입니다. 규형이가 자전거를 탄 시간은 몇 분입니까?

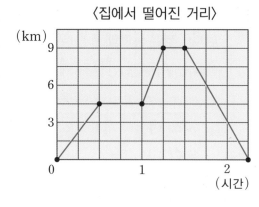

〈집에서 떨어진 거리〉

오른쪽 그래프는 매월 1일에 기온과 수온을 조사하여 나타낸 꺾은선그래프입니다. 물음에 답하시오. [16~18]

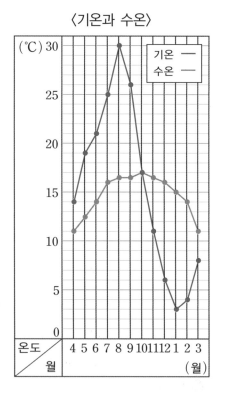

〈기온과 수온〉

16 기온과 수온 중에서 일 년 동안 어느 것이 변화가 더 심합니까?

17 기온과 수온의 차가 가장 클 때는 언제이고 그때의 온도 차는 몇 ℃입니까?

18 기온과 수온의 차가 가장 작을 때는 언제입니까?

19 연준이의 몸무게를 매월 1일에 조사하여 나타낸 꺾은선그래프입니다. (가) 그래프를 보고 (나) 그래프에 물결선을 사용한 꺾은선그래프로 나타내시오.

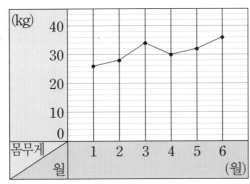

(가) 연준이의 몸무게

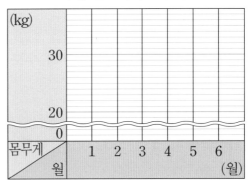

(나) 연준이의 몸무게

20 오른쪽은 추의 무게에 따라 일정하게 늘어나는 용수철의 길이를 나타낸 꺾은선그래프입니다. 같은 용수철에 2 kg의 추를 달면 용수철의 길이는 몇 cm가 됩니까?

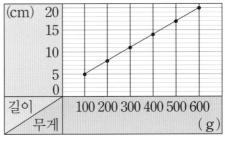

용수철의 길이

21 오른쪽은 주성이와 서경이의 키를 조사하여 나타낸 꺾은선그래프입니다. 키의 변화가 규칙적이라고 한다면 주성이와 서경이의 키가 같아지는 때의 나이는 몇 살이라고 예상할 수 있겠습니까?

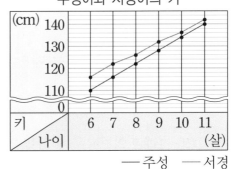

주성이와 서경이의 키

5. 꺾은선그래프 **119**

1 물통에 물을 넣는데 처음에는 1개의 수도꼭지를 사용하다가 도중에 같은 양의 물이 나오는 수도꼭지를 1개 더 사용하여 물을 넣었습니다. 오른쪽 그래프를 보고 물음에 답하시오.

〈물을 넣은 시간과 물의 높이의 관계〉

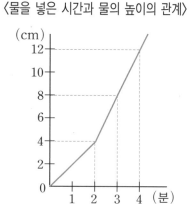

(1) 물을 넣은지 몇 분 후부터 수도꼭지를 2개로 하여 물을 넣었습니까?

(2) 물통의 높이가 32 cm입니다. 몇 분만에 물이 가득 찹니까?

2 동민이와 효근이는 서로의 집을 향하여 자전거를 타고 동시에 자기 집을 나섰습니다. 동민이는 효근이의 집에 도착할 때까지 매초 6 m의 빠르기로 가고, 효근이도 동민이의 집에 도착할 때까지 일정한 빠르기로 갔습니다. 다음 그래프는 두 사람이 동시에 출발하고부터의 시간과 두 사람 사이의 거리 관계를 나타낸 것입니다. 물음에 답하시오.

〈시간과 거리의 관계〉

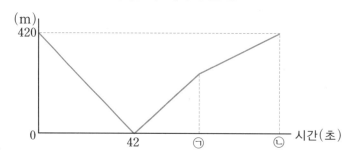

(1) 동민이와 효근이가 만났을 때, 두 사람은 동민이네 집에서 몇 m 떨어진 지점에 있었습니까?

(2) 효근이의 빠르기는 매초 몇 m입니까?

(3) 그래프의 ㉠, ㉡에 알맞은 수를 각각 구하시오.

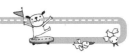

3 형과 동생은 집을 출발하여 일정한 빠르기로 역을 향해 걸었는데 동생이 출발한 지 10분 후에 형이 출발하였습니다. 오른쪽 그래프는 동생이 집을 출발할 때부터의 시간과 형과 동생의 떨어진 거리의 관계를 나타낸 것입니다. 집에서 역까지 가는 도중에 형과 동생은 한 번씩 쉬었고 동생은 5분간 쉬었습니다. 물음에 답하시오.

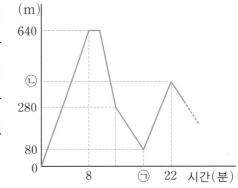

〈두 사람 사이의 거리〉

(1) 형과 동생의 빠르기는 각각 1분에 몇 m씩입니까?

(2) 그래프에서 ㉠에 알맞은 수를 구하시오.

(3) 그래프에서 ㉡에 알맞은 수를 구하시오.

4 오른쪽 그래프는 지은이의 수학 점수를 나타낸 꺾은선그래프입니다. 5개월 동안의 수학 점수의 평균을 구하시오.
(단, (평균)＝(총점)÷(횟수)입니다.)

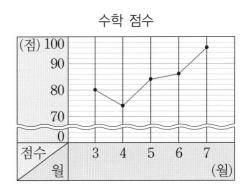

수학 점수

5 길이가 40 cm인 선분 ㄱㄴ이 있습니다. 점 P와 점 Q는 동시에 점 ㄱ을 출발하여 일정한 빠르기로 선분 ㄱㄴ을 계속 왕복합니다. 오른쪽 그래프는 점 P와 점 Q의 10초 동안의 움직임을 나타낸 것입니다. 물음에 답하시오.

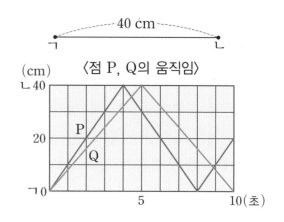

(1) 점 P는 1초 동안 몇 cm씩 움직입니까?

(2) 점 Q는 1초 동안 몇 cm씩 움직입니까?

(3) 점 P와 점 Q의 거리의 차가 처음으로 15 cm가 되는 때는 점 ㄱ을 출발한 지 몇 초 후입니까?

(4) 점 P와 점 Q가 처음으로 만나는 것은 점 ㄱ을 출발한 지 몇 초 후입니까? (단, 분수로 답하시오.)

6 오른쪽은 가영이가 지난해 4월부터 12월까지 매월 1일 물의 온도(수온)와 공기의 온도(기온)를 조사하여 나타낸 꺾은선그래프입니다. ㉠~㉫에 맞게 그래프를 완성하시오.

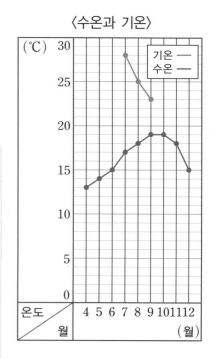

㉠ 4월 1일의 기온은 수온보다 1 ℃ 높습니다.

㉡ 4월 1일부터 5월 1일까지의 기온의 변화는 5월 1일부터 6월 1일까지의 기온의 변화와 같습니다.

㉢ 6월 1일의 기온은 10월 1일의 기온보다 5 ℃ 높습니다.

㉣ 10월 1일에는 기온이 수온보다 2 ℃ 낮습니다.

㉤ 8월 1일, 9월 1일, 10월 1일, 11월 1일, 12월 1일의 기온의 평균 온도는 17 ℃입니다.

㉫ 수온과 기온의 차를 비교할 때, 11월 1일보다 12월 1일이 3 ℃ 큽니다.

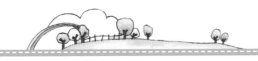

7 예슬이는 역에서 1600 m 떨어져 있는 박람회장에 갔습니다. 도중부터 박람회장까지는 「자동보도」로 되어 있습니다. 예슬이가 역에서 걸어나와 A지점에서 「자동보도」를 탔습니다. B 지점부터는 「자동보도」위에서 걸었습니다. 예슬이의 걷는 빠르기는 매분 70 m이고 「자동보도」의 빠르기는 매분 50 m입니다. 오른쪽 그래프는 그때의 상황을 나타낸 것입니다. 물음에 답하시오

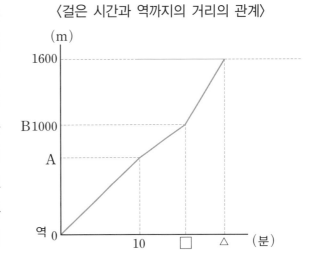

〈걸은 시간과 역까지의 거리의 관계〉

(1) 역에서 A 지점까지는 몇 m입니까?

(2) □는 얼마입니까?

(3) △는 얼마입니까?

8 석기는 오전 9시에 A마을을 출발하여 B마을까지는 자전거로 가고 B마을부터 C마을까지는 버스를 타고 갔습니다. 다음 그래프는 시각과 A마을로부터 떨어진 거리와의 관계를 나타낸 것입니다. 물음에 답하시오.

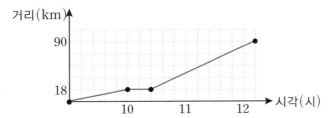

〈시각과 거리와의 관계〉

(1) B 마을에서 버스를 기다린 시간은 몇 분입니까?

(2) 자전거와 버스는 각각 1시간에 몇 km의 빠르기인지 구하시오.

(3) C 마을에 도착하기 전 12 km 지점에 학교가 있습니다. 버스가 학교 앞을 통과한 시각을 구하시오.

9 수영이의 100 m 달리기 최고 기록을 월별로 조사하여 나타낸 꺾은선그래프입니다. 4월부터 전달보다 기록이 단축된 달은 0.5초당 2장의 붙임 딱지를 얻고, 그렇지 않은 달은 0.5초당 1장의 붙임 딱지를 잃는다고 합니다. 3월에 5장의 붙임 딱지를 모았다면 수영이는 8월까지 붙임 딱지를 몇 장 모으겠습니까?

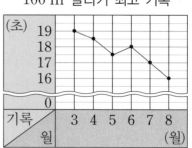

100 m 달리기 최고 기록

10 일정하게 물이 나오는 ㉮와 ㉯ 수도가 있습니다. 들이가 200 L인 물통에 ㉮ 수도만 사용하여 5분 동안 물을 채우고, 5분 후에는 ㉮와 ㉯ 수도를 모두 사용하여 물을 채운 것을 나타낸 꺾은선그래프입니다. 처음부터 ㉯ 수도만을 사용하여 이 물통을 가득 채운다면 몇 분이 걸리겠습니까?

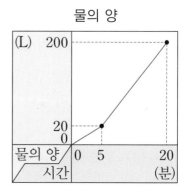

물의 양

11 민호의 수학 점수를 나타낸 꺾은선그래프입니다. 3월부터 7월까지 수학 점수의 합이 426점이고, 5월의 수학 점수는 6월의 수학 점수보다 4점 더 높고, 7월의 수학 점수는 6월의 수학 점수보다 2점 더 낮다고 합니다. 꺾은선그래프를 완성하시오.

수학 점수

80점 이상	▶	영재교육원 문제를 풀어 보세요.
60점 이상~80점 미만	▶	틀린 문제를 다시 확인 하세요.
60점 미만	▶	왕문제를 다시 풀어 보세요.

12 오른쪽은 어느 가게의 우유 판매량을 조사하여 나타낸 꺾은선그래프입니다. 우유 한 개가 1300원이고 조사한 3일 동안의 우유 판매액은 92300원입니다. 10일에 판 우유는 몇 개인지 구하시오.

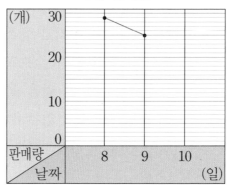

우유 판매량

13 오른쪽은 은정이가 일주일 동안 넘은 줄넘기 횟수를 나타낸 꺾은선그래프입니다. 일주일 동안 862회를 넘었다면 줄넘기 횟수가 가장 많이 증가한 때는 무슨 요일입니까?

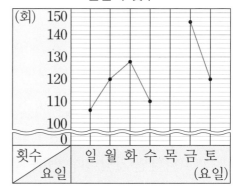

줄넘기 횟수

14 90 L들이의 빈 수조에 물을 넣기 시작하였습니다. 오른쪽은 물을 넣기 시작한 때부터의 시간과 수조 안의 물의 양과의 관계를 나타낸 꺾은선그래프입니다. 그런데 물을 넣는 중간에 수조의 밑바닥에서 물이 새기 시작하여 물이 새는 것을 막고 계속 넣었습니다. 이 수조에 물을 가득 채우는데 걸린 시간은 물을 넣기 시작한지 몇 분 후입니까?

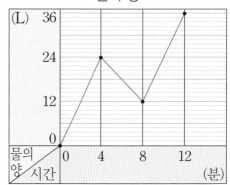

물의 양

1 가와 나 두 개의 수도꼭지가 연결되어 있는 수조가 있습니다. 나 수도꼭지로 계속 물을 빼내고 있고, 중간에 3분 동안은 동시에 가 수도꼭지로 물을 넣었습니다. 오른쪽 그래프는 수조에 남은 물의 양과 시간과의 관계를 나타낸 것일 때, 비어 있는 수조를 처음부터 가 수도꼭지만을 열어 40 L의 물을 채우려면 몇 분이 걸립니까?

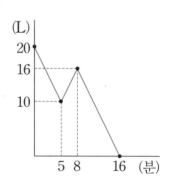

2 다음 그래프는 들이가 243 L인 수조에 계속 일정한 양의 물을 넣으면서 도중에 13분 동안 1분에 9 L씩 물을 빼냈을 때, 수조의 물의 양과 걸린 시간의 관계를 나타낸 것입니다. ㉠과 ㉡에 알맞은 수를 각각 구하시오.

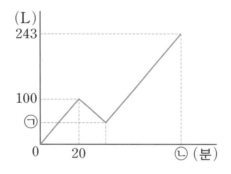

⑥ 다각형

1. 다각형과 정다각형 알아보기
2. 대각선 알아보기
3. 모양 만들기와 모양 채우기

이야기 수학

✳ 아름다운 도형

옛날부터 사람들은 아름다움에 많은 관심을 가졌습니다.

원은 신이 만든 가장 완전한 모양의 도형이라고 생각했고, 황금 직사각형은 사람이 만든 가장 아름다운 모양이라고 생각했습니다.

황금 직사각형은 황금비로 만든 도형을 뜻합니다. 황금비란 인간이 생각하는 가장 아름답고 완전한 가로, 세로의 비율을 뜻합니다. 황금비는 그리스의 에우독스가 처음 생각해 냈는데 오늘날에는 회화나 조각, 건축 등에서 널리 사용됩니다. 황금비는 가로와 세로의 비율이 1.62:1의 비율을 말합니다.

🏀 다각형

선분으로만 둘러싸인 도형을 다각형이라고 합니다. 다각형은 변의 수에 따라 변이 3개이면 삼각형, 4개이면 사각형, 5개이면 오각형 등으로 부릅니다.

삼각형　　사각형　　오각형　…

🏀 정다각형

변의 길이가 모두 같고 각의 크기가 모두 같은 다각형을 정다각형이라고 합니다. 정다각형은 변의 수에 따라 변이 3개이면 정삼각형, 변이 4개이면 정사각형, 변이 5개이면 정오각형 등으로 부릅니다.

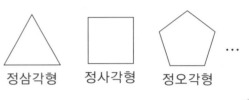

정삼각형　　정사각형　　정오각형　…

🌱 도형을 보고 물음에 답하시오. [1~4]

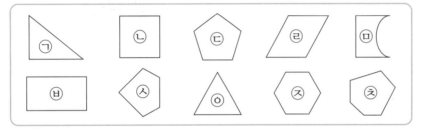

1 다각형이 아닌 것을 찾아 기호를 쓰시오.

2 정다각형을 모두 찾아 기호를 쓰시오.

3 ㉛의 이름을 쓰시오.

4 오각형을 모두 찾아 기호를 쓰시오.

① 선분으로만 둘러싸인 도형을 다각형이라고 합니다.

② 변의 길이가 모두 같고, 각의 크기가 모두 같은 다각형을 찾습니다.

핵심 응용 오른쪽 정육각형에서 ㉠, ㉡, ㉢, ㉣, ㉤, ㉥의 합을 구하시오.

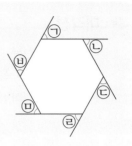

생각 열기 정육각형의 한 각의 크기는 몇 도인지 생각해 봅니다.

풀이 일직선이 이루는 각의 크기는 ☐° 이므로 일직선 6개가 이루는 각의 크기는

☐° × 6 = ☐° 이고 정육각형의 여섯 각의 크기의 합은 삼각형 ☐ 개의

각의 크기의 합과 같으므로 180° × ☐ = ☐° 입니다.

따라서 ㉠, ㉡, ㉢, ㉣, ㉤, ㉥의 합은 ☐° − ☐° = ☐° 입니다.

 답 _____

1 오른쪽 그림은 정오각형과 정육각형을 한 변이 맞닿게 붙여 놓은 것입니다. 각 ㅊㄷㄹ과 각 ㅁㅈㅊ의 크기의 차를 구하시오.

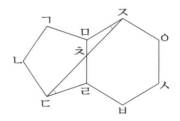

2 길이가 81 cm인 철사를 이용해서 한 변의 길이가 6 cm인 정육각형과 한 변의 길이가 5 cm인 정다각형을 만들었더니 5 cm가 남았습니다. 한 변의 길이가 5 cm인 정다각형의 이름은 무엇입니까?

대각선

다각형에서 선분 ㄱㄷ, 선분 ㄴㄹ과 같이 이웃하지 않는 두 꼭짓점을 이은 선분을 대각선이라고 합니다.

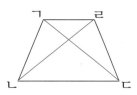

사각형의 대각선

• 두 대각선의 길이가 같은 사각형 : 정사각형, 직사각형, 등변사다리꼴 등
• 두 대각선이 서로 수직이등분 하는 사각형 : 마름모, 정사각형
• 두 대각선의 길이가 같고 서로 수직이등분 하는 사각형 : 정사각형

1 두 대각선의 길이가 같고 서로 수직으로 만나는 사각형을 찾아 기호를 쓰시오.

> ㉠ 정사각형　　㉡ 평행사변형
> ㉢ 마름모　　　㉣ 직사각형

2 도형에 그을 수 있는 대각선은 몇 개입니까?

(1) 　　(2) 　　(3)

> ♥각형의 대각선의 개수
> ♥ × (♥ − 3) ÷ 2

3 도형을 보고 물음에 답하시오.

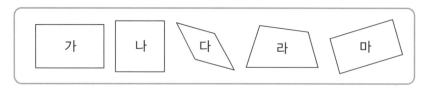

> 🔵 도형 위에 대각선을 그어 봅니다.

(1) 대각선이 서로 수직인 사각형을 모두 찾아 기호를 쓰시오.

(2) 대각선의 길이가 같은 사각형을 모두 찾아 기호를 쓰시오.

4 정육각형에서 대각선은 모두 몇 개나 그을 수 있습니까?

 핵심 응용　오른쪽 그림과 같이 직사각형 ㄱㄴㄷㄹ에 두 대각선을 그었습니다. 각 ㄱㄹㄴ의 크기를 구하시오.

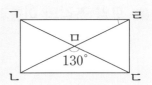

> 생각열기　직사각형의 두 대각선의 길이는 서로 같습니다.

풀이　직사각형의 두 대각선은 길이가 같고 한 대각선은 다른 대각선을 반으로 나누므로 선분 ㄴㅁ과 선분 ㄷㅁ의 길이는 같습니다.

삼각형 ㅁㄴㄷ은 이등변삼각형이므로 (각 ㅁㄴㄷ)=(180°− $\boxed{}$ °)÷2= $\boxed{}$ °이고 평행선에서 한 직선을 그었을 때 서로 반대쪽에 있는 각의 크기는 같으므로 각 ㄱㄹㄴ은 $\boxed{}$ °입니다.

 **답** _____

1 오른쪽 그림과 같이 점 ㅇ이 원의 중심이고 반지름이 16 cm인 원 안에 직사각형 ㄱㄴㄷㄹ을 그렸습니다. 직사각형 ㄱㄴㄷㄹ의 두 대각선의 길이의 합은 몇 cm입니까?

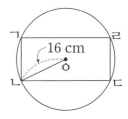

2 오른쪽 사각형 ㄱㄴㄷㄹ은 마름모입니다. 선분 ㄱㄴ의 길이가 7 cm이고 각 ㄱㄴㄷ의 크기가 60°일 때, 선분 ㄱㅁ의 길이는 몇 cm입니까?

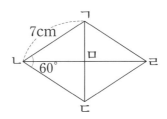

3 어떤 정다각형의 대각선의 수를 세어 보았더니 35개였습니다. 이 정다각형의 이름을 쓰시오.

🌀 모양 조각의 이름과 특징

조각과 이름	특 징	조각과 이름	특 징
정육각형	• 각 변의 길이가 같고 변의 수는 6개입니다. • 한 내각의 크기는 120°이고 6개의 정삼각형, 또는 3개의 평행사변형, 또는 2개의 사다리꼴로 만들 수 있습니다.	(등변) 사다리꼴	• 평행한 변이 한 쌍 있고, 밑변의 길이는 윗변의 길이의 2배입니다. • 내각은 60°, 120°로 되어 있고 정삼각형 3개, 또는 평행사변형 1개와 정삼각형 1개로 만들 수 있습니다.
평행사변형 마름모	• 마주 보는 각이 같고 두 대각선은 수직이등분됩니다. • 내각은 60°와 120°로 되어 있고 정삼각형 2개로 만들 수 있습니다.	정사각형	• 네 변의 길이와 네 내각이 같습니다. • 한 내각의 크기는 90°이고, 두 대각선은 서로 수직이등분됩니다.
정삼각형	세 변의 길이가 같고, 세 내각이 각각 60°로 같습니다.	평행사변형 마름모	• 네 변의 길이가 같고 두 대각선은 서로 수직이등분됩니다. • 내각은 30°, 150°이며 마주 보는 각은 같습니다.

 오른쪽과 같은 별 모양을 여러 가지 방법으로 만들어 보고, 사용한 블록의 개수를 표에 나타내고 물음에 답하시오. [1~2]

Jump 도우미

모양 조각에서 정육각형, 사다리꼴, 평행사변형은 각각 정삼각형이 6개, 3개, 2개 꼴입니다.

	녹색 삼각형	파란색 평행사변형	빨간색 사다리꼴	노란색 육각형
방법 1				
방법 2				
방법 3				
방법 4				
방법 5				
방법 6				

1 녹색 삼각형 블록을 사용하지 않고 별 모양을 만들 수 있습니까?

2 녹색 삼각형 블록 5개와 다른 블록을 사용해서 별 모양을 만들 수 있습니까?

Jump 2 핵심응용하기

 핵심 응용

다음과 같은 파란색 평행사변형 블록 3개를 이용하여 만들 수 있는 모양은 모두 몇 가지입니까? (단, 돌리거나 뒤집어서 같은 모양이 되는 것은 한 가지로 하고, 블록의 변은 변끼리 꼭맞게 붙입니다.)

> 평행사변형 블록 2개를 붙인 후 남은 1개를 붙이는 방법을 생각합니다.

풀이 블록 2개를 붙이는 방법은 와 ◣ 로 ☐ 가지입니다.

남은 하나의 블록을 붙이는 방법은 다음과 같습니다.

따라서 3개의 블록을 서로 다르게 붙이는 방법은 ☐ 가지입니다.

답 _____

 1 다음 블록을 사용하여 자동차를 만들어 보시오.

> 노란색 블록 3개, 빨간색 블록 2개
> 파란색 블록 3개, 주황색 블록 6개

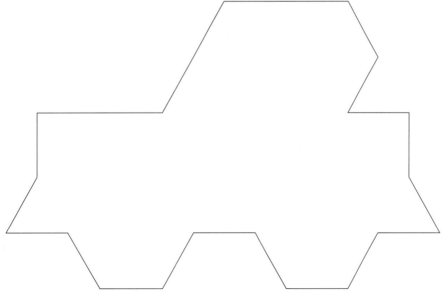

1 정십이각형에 그을 수 있는 대각선은 정육각형에 그을 수 있는 대각선보다 몇 개 더 많습니까?

2 오른쪽 정오각형에서 ㉠을 구하시오.

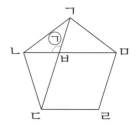

3 다음의 녹색 정삼각형 블록 4개를 이어 붙여서 만들 수 있는 서로 다른 모양은 몇 가지입니까? (단, 변끼리 꼭맞게 붙여야 하고 돌리거나 뒤집어서 같은 모양이면 한 가지로 봅니다.)

4 대각선의 개수가 170개인 정다각형의 모든 각의 크기의 합을 구하시오.

5 오른쪽과 같은 직사각형 모양 조각을 겹치지 않게 이어 붙여 어떤 정사각형을 빈틈없이 덮으려고 합니다. 직사각형 모양 조각은 적어도 몇 개 필요합니까?

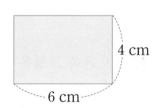
4 cm
6 cm

6 가로 4 cm, 세로 3 cm인 직사각형이 있습니다. 이 직사각형을 대각선을 따라 두 개의 직각삼각형으로 나눈 후 네 변의 길이의 합이 가장 크게 되는 평행사변형을 만들었습니다. 이 평행사변형의 네 변의 길이의 합은 몇 cm입니까?

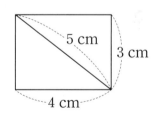
5 cm
3 cm
4 cm

7 한 변이 15 cm인 정사각형을 다섯 개 붙여 놓았습니다. ㉠과 ㉡의 길이의 합은 몇 cm입니까?

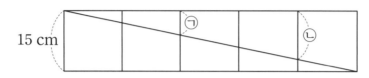

8 오른쪽 도형은 정오각형입니다. 각 ㉠의 크기와 각 ㉡의 크기는 각각 몇 도입니까?

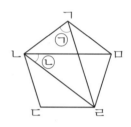

9 다음 그림과 같은 타일 6장을 서로 겹치지 않게 연결하여 어떤 도형을 만들려고 합니다. 만들 수 있는 도형 중에서 둘레의 길이가 가장 짧은 도형의 둘레의 길이는 몇 cm입니까?

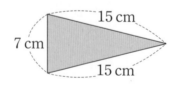

10 오른쪽 그림은 직사각형 모양의 종이를 대각선으로 접은 것입니다. □ 안에 알맞은 수를 써넣으시오.

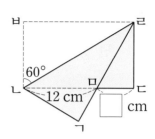

11 정삼각형 2개를 겹쳐 놓았더니 겹쳐진 부분이 정육각형이 되었습니다. 정육각형의 둘레의 길이가 18 cm라면 삼각형 ㄱ~ㅂ의 둘레의 길이의 총합은 몇 cm입니까?

12 오른쪽 도형은 정육각형입니다. ㉠, ㉡, ㉢, ㉣의 크기의 합과 ㉤, ㉥의 크기의 합의 차는 몇 도입니까?

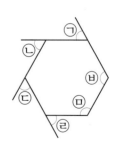

13 정팔각형과 다른 종류의 정다각형을 이용하여 바닥을 빈틈없이 덮으려고 합니다. 어떤 정다각형을 이용하면 됩니까?

14 다음 직사각형을 4개의 선으로 잘라 정사각형 5개를 만드시오.

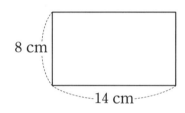

8 cm

14 cm

15 오른쪽 정육각형에서 두 대각선이 수직으로 만나는 것은 모두 몇 쌍입니까?

여러 가지 모양의 정다각형이 있습니다. 이 중에서 3종류의 정다각형을 사용하여 바닥을 겹치지 않게 빈틈없이 덮으려고 합니다. 물음에 답하시오. [16~18]

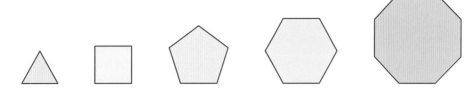

16 위 도형들의 한 각의 크기를 각각 구하시오.

도형	정삼각형	정사각형	정오각형	정육각형	정팔각형
한 각의 크기					

17 16번에서 구한 각 중에서 3종류의 각을 겹치지 않고 한 점을 중심으로 붙였을 때 360° 가 되는 경우는 어느 도형을 몇 개 붙일 때입니까?

18 17번에서 구한 경우를 이용하여 바닥을 겹치지 않게 빈틈없이 덮으시오.

1 오른쪽 그림은 크기가 같은 정삼각형 16개를 겹치지 않게 이어
붙여서 만든 도형입니다. 크고 작은 정다각형은 모두 몇 개입니
까?

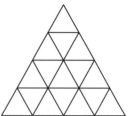

2 오른쪽 그림은 정팔각형에 대각선 8개를 그어 놓은 것입니다. 그림
을 보고 크고 작은 마름모가 모두 몇 개인지 찾아보시오.

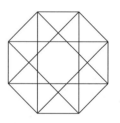

3 직각삼각형 ㄱㄴㄷ과 직사각형 ㄹㅁㅂㅅ은 직선 가 위에 한 변이 놓여 있습니다. 직각
삼각형을 화살표 방향으로 이동시켜 직사각형을 완전히 지나가는 동안 두 도형이 겹
쳐져서 만들어지는 부분은 어떤 도형인지 차례로 구하시오.

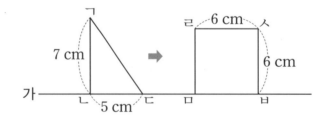

4 그을 수 있는 대각선의 개수가 35개인 정다각형이 있습니다. 이 정다각형의 한 각의 크기는 몇 도입니까?

5 색종이를 왼쪽 직각삼각형 모양으로 여러 장 오려 오른쪽 직사각형을 겹치지 않게 빈 틈없이 덮으려면 직각삼각형 모양의 색종이는 몇 장 필요합니까?

6 오른쪽 그림은 정오각형과 정육각형을 한 변이 맞닿게 붙인 것입니다. 각 ㉠의 크기는 몇 도입니까?

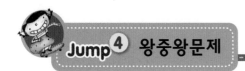

7 오른쪽 그림에서 ㉠, ㉡, ㉢, ㉣, ㉤, ㉥, ㉦의 크기의 합은 몇 도 입니까?

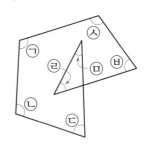

8 오른쪽 그림에서 ㉠, ㉡, ㉢, ㉣, ㉤, ㉥, ㉦, ㉧, ㉨, ㉩, ㉪, ㉫의 크기의 합은 몇 도입니까?

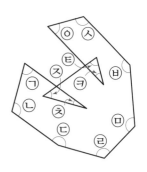

9 오른쪽 그림에서 사각형 ㄱㄴㄷㄹ은 평행사변형이고 삼각형 ㄱㄴㄷ은 이등변삼각형, 삼각형 ㄱㄷㅂ은 정삼각형입니다. ㉠과 ㉡의 크기의 합은 몇 도입니까?

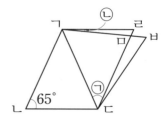

10 오른쪽 그림의 정오각형에서 ㉠, ㉡, ㉢의 합을 구하시오.

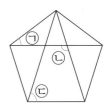

11 다음의 노란색 블록 1개와 다른 블록들을 이용하여 주어진 도형을 만들려고 합니다. 〈표〉에 주어진 방법 중 도형을 만들 수 없는 방법은 어느 것입니까?

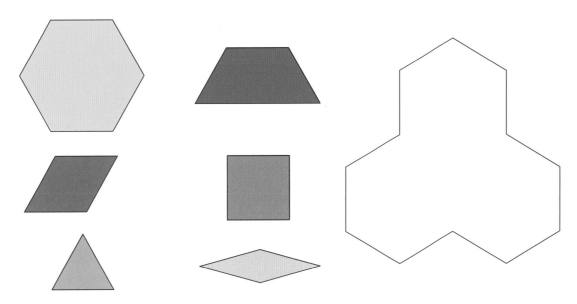

	노란색	빨간색	파란색	녹색	주황색	회색
방법 1	1	4	·	·	·	·
방법 2	1	3	1	1	·	·
방법 3	1	3	·	3	·	·
방법 4	1	2	3	·	·	·
방법 5	1	2	·	·	2	3
방법 6	1	·	·	12	·	·

12 위 문제에서 주어진 6개의 블록의 각을 이용하여 만들 수 있는 각은 모두 몇 가지입니까? (단, 블록의 각들의 합 또는 차를 이용하고 180°보다 작은 각을 찾습니다.)

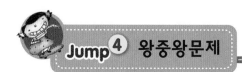

13 다음과 같은 사다리꼴 모양의 **빨간색** 블록 3개를 이어 붙여서 만들 수 있는 서로 다른 모양을 모두 그리고 몇 가지인지 알아보시오. (단, 변끼리 꼭맞게 붙여야 하고, 돌리거나 뒤집어서 같은 모양이면 한가지로 봅니다.)

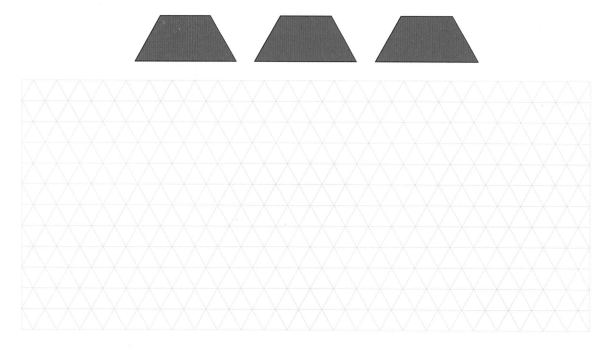

14 그림과 같이 크기가 같은 평행사변형 5개를 붙여 놓고 대각선을 그었습니다. 크고 작은 평행사변형은 모두 몇 개입니까?

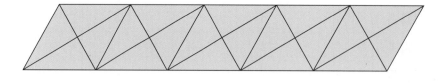

15 오른쪽 그림에서 ㉠과 ㉡의 합을 구하시오.

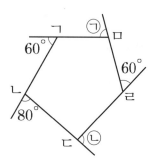

16 오른쪽 칠교 조각 중 3개의 조각으로 다음과 같은 도형을 만들었습니다. 사용한 3개의 조각이 될 수 있는 것을 골라 번호를 쓰시오.

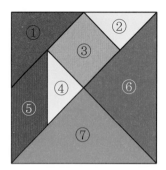

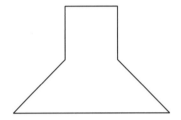

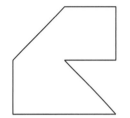

17 위의 칠교 조각을 사용하여 크기가 서로 다른 정사각형을 만들 때 만들 수 있는 정사각형은 모두 몇 가지입니까?

18 정사각형 5개를 붙여 만든 조각을 펜토미노라고 합니다. 펜토미노 조각 6개로 직사각형을 덮어 보시오.

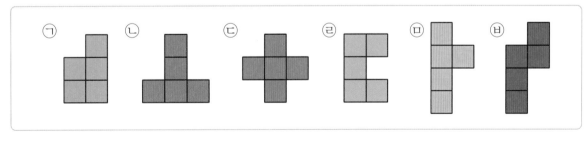

1 그림과 같이 정사각형, 정오각형, 정육각형 모양의 종이를 차례로 반복하여 겹치지 않게 이어 붙였습니다. ㉠, ㉢의 합과 ㉡, ㉣의 합의 차를 구하시오.

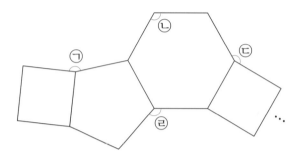

2 그림과 같이 점 ㅅ이 중심인 원 안에 정사각형과 정육각형을 그렸습니다. 선분 ㄱㅂ과 선분 ㅅㅋ이 만나서 생긴 각 ㉠을 구하시오. (단, 변 ㄴㄷ과 변 ㅇㅈ은 평행합니다.)

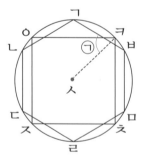

MEMO

MEMO

점프 왕수학

최상위 5%
도약을 위한

수학

최상위

4·2

정답과 풀이

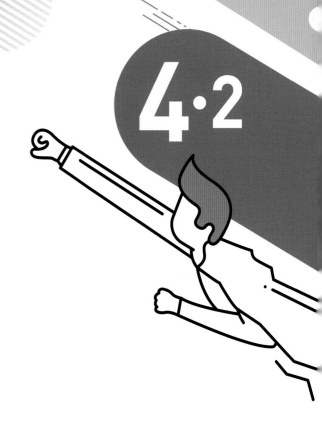

(주)에듀왕
www.eduwang.com

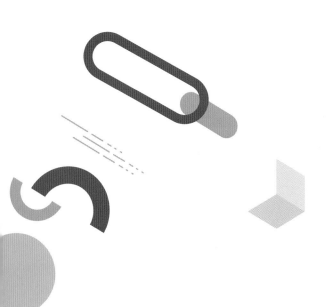

정답과 풀이

What is
n by the gods
ore desirable than
hour?

hurrica

1 분수의 덧셈과 뺄셈

Jump 1 핵심알기 6쪽

1 5, 4, 9 / 5, 4, 9, 1, 2

2 (1) $\frac{4}{6}$ (2) $1\frac{4}{8}$ (3) 1 (4) $1\frac{3}{9}$

3 1, 2, 3, 4, 5   4 $1\frac{5}{8}$ km

3 $1\frac{3}{8}=\frac{11}{8}$이므로 $\frac{5}{8}+\frac{\square}{8}<\frac{11}{8}$에서 $\square$ 안에

들어갈 자연수는 1, 2, 3, 4, 5입니다.

4 $\frac{7}{8}+\frac{6}{8}=\frac{13}{8}=1\frac{5}{8}$(km)

Jump 2 핵심응용하기 7쪽

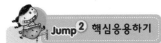

핵심응용 풀이 3, 2, 4, 3, 2, 4, 9, 9

답 $\frac{9}{10}$

확인 1 $\frac{1}{8}$ m   2 $1\frac{7}{8}$ m

3 11개

1 남은 철사의 길이를 $\frac{\square}{8}$ m라 하면

$\frac{3}{8}+\frac{4}{8}+\frac{\square}{8}=1=\frac{8}{8}$이므로 $3+4+\square=8$

에서 $\square=1$입니다.

따라서 남은 철사의 길이는 $\frac{1}{8}$ m입니다.

2 $\frac{4}{8}+\frac{5}{8}+\frac{6}{8}=\frac{15}{8}=1\frac{7}{8}$(m)

3 $\frac{5}{12}+\frac{\square}{12}$에서 $\square=7$일 때 계산 결과가 1이고

$\square=19$일 때 계산 결과가 2이므로 $\square$ 안에 들

어갈 수 있는 수는 8부터 18까지이므로 11개입니

다.

Jump 1 핵심알기 8쪽

1 (1) $\frac{2}{7}$ (2) $\frac{7}{9}$ 2 $\frac{7}{12}$, $\frac{3}{12}$

3 >   4 $\frac{3}{8}$ km

2 두 진분수의 분자의 합이 10이고 차가 4이므로

큰 분자는 $(10+4)\div2=7$이고 작은 분자는

$(10-4)\div2=3$입니다.

따라서 구하는 두 진분수는 $\frac{7}{12}$, $\frac{3}{12}$입니다.

3 $\frac{9}{12}-\frac{2}{12}=\frac{7}{12}$, $1-\frac{7}{12}=\frac{5}{12}$

4 $1-\frac{5}{8}=\frac{3}{8}$(km)

Jump 2 핵심응용하기 9쪽

핵심응용 풀이 1, $\frac{3}{5}$, $\frac{2}{5}$, $\frac{3}{5}$, $\frac{2}{5}$, 1, $\frac{3}{5}$, $\frac{2}{5}$, $\frac{2}{5}$,

$\frac{2}{5}$, $\frac{2}{5}$, $1\frac{1}{5}$

답 $1\frac{1}{5}$ L

확인 1 $\frac{11}{16}$ 2 $\frac{1}{9}$

3 $\frac{6}{9}$

1 분모가 16인 진분수 중 세 번째로 큰 분수는

$\frac{13}{16}$이고, 두 번째로 작은 분수는 $\frac{2}{16}$이므로 두

분수의 차는 $\frac{13}{16}-\frac{2}{16}=\frac{11}{16}$입니다.

2 (어떤 수)$+\frac{4}{9}=1$에서 어떤 수는 $1-\frac{4}{9}=\frac{5}{9}$

이고 바르게 계산하면 $\frac{5}{9}-\frac{4}{9}=\frac{1}{9}$입니다.

3 만들 수 있는 가장 큰 진분수는 $\frac{8}{9}$이고 가장 작

정답과 풀이

은 진분수는 $\frac{2}{9}$이므로 두 진분수의 차는

$\frac{8}{9}-\frac{2}{9}=\frac{6}{9}$입니다.

Jump ❶ 핵심알기 10쪽

1 6
2 $9\frac{3}{7}$
3 $8\frac{3}{8}$ m
4 $4\frac{2}{10}$ m

1 $1\frac{3}{8}+2\frac{\square}{8}=4\frac{1}{8}$, $\frac{11}{8}+\frac{16+\square}{8}=\frac{33}{8}$,
   $11+16+\square=33$, $27+\square=33$, $\square=6$
   별해 $4\frac{1}{8}=3\frac{9}{8}$이므로 $3+\square=9$에서 $\square=6$

2 자연수 부분이 클수록 큰 분수입니다.
   $5\frac{4}{7}>4\frac{5}{7}>3\frac{6}{7}$이므로
   $5\frac{4}{7}+3\frac{6}{7}=8+\frac{10}{7}=8+1\frac{3}{7}=9\frac{3}{7}$입니다.

3 $4\frac{6}{8}+3\frac{5}{8}=(4+3)+(\frac{6}{8}+\frac{5}{8})$
   $=7+\frac{11}{8}=7+1\frac{3}{8}$
   $=8\frac{3}{8}$(m)

4 $2\frac{7}{10}+1\frac{5}{10}=(2+1)+(\frac{7}{10}+\frac{5}{10})$
   $=3+\frac{12}{10}=3+1\frac{2}{10}$
   $=4\frac{2}{10}$(m)

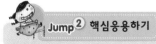 **Jump ❷ 핵심응용하기** 11쪽

핵심응용 풀이 1, 3, 1, 3, 1, 3, 1, 4, 4, 4 /
   1, 2, 1, 2, 1, 2, 1, 2, 1, 3, 5, 3 /
   4, 4, 5, 3, 9, 7, 10, 2

답 $10\frac{2}{5}$ cm

 확인 1 $45\frac{19}{20}$ kg 2 185쪽

1 (한솔이의 몸무게)
   $=42\frac{14}{20}+1\frac{9}{20}=(42+1)+(\frac{14}{20}+\frac{9}{20})$
   $=43\frac{23}{20}=44\frac{3}{20}$(kg)
   (규형이의 몸무게)
   $=44\frac{3}{20}+1\frac{16}{20}=(44+1)+(\frac{3}{20}+\frac{16}{20})$
   $=45+\frac{19}{20}=45\frac{19}{20}$(kg)

2 (지혜가 어제와 오늘 위인전을 읽은 시간)
   $=2\frac{2}{6}+3\frac{5}{6}=(2+3)+(\frac{2}{6}+\frac{5}{6})$
   $=5+1\frac{1}{6}=6\frac{1}{6}$(시간)
   $6\frac{1}{6}=\frac{6\times6+1}{6}=\frac{37}{6}$이고 $\frac{37}{6}$은 $\frac{1}{6}$이 37개
   입니다.
   따라서 지혜가 어제와 오늘 읽은 위인전은 모두
   $37\times5=185$(쪽)입니다.

Jump ❶ 핵심알기 12쪽

1 (1) $\frac{4}{8}$, $2\frac{4}{8}$ (2) $1\frac{3}{6}$, $3\frac{5}{6}$
2 $<$
3 $1\frac{3}{8}$ L
4 영수, $1\frac{2}{5}$초

1 (2) $5\frac{1}{6}-3\frac{4}{6}=4\frac{7}{6}-3\frac{4}{6}=1\frac{3}{6}$,
   $7\frac{3}{6}-3\frac{4}{6}=6\frac{9}{6}-3\frac{4}{6}=3\frac{5}{6}$

2 $13\frac{7}{16}-5\frac{9}{16}=12\frac{23}{16}-5\frac{9}{16}=7\frac{14}{16}$,
   $4\frac{12}{16}+3\frac{5}{16}=7+1\frac{1}{16}=8\frac{1}{16}$

3 $3-1\frac{5}{8}=2\frac{8}{8}-1\frac{5}{8}=1\frac{3}{8}$(L)

4 $15\frac{1}{5}-13\frac{4}{5}=14\frac{6}{5}-13\frac{4}{5}=1\frac{2}{5}$(초)

1. 분수의 덧셈과 뺄셈 **3**

 Jump ② 핵심응용하기　　　　　13쪽

핵심응용　풀이 16, 2, 7, 21, 2, 10, 석기, 2, 10,
　　　　　　　　2, 7, 3

답　석기, $\dfrac{3}{16}$ kg

확인 1　$4\dfrac{2}{4}$ L　　　　　2　$13\dfrac{5}{10}$

　　　3　$56\dfrac{3}{4}$ kg

1 $20\dfrac{3}{4}-16\dfrac{1}{4}$

$=(20-16)+\left(\dfrac{3}{4}-\dfrac{1}{4}\right)$

$=4+\dfrac{2}{4}=4\dfrac{2}{4}$(L)

2 $16\dfrac{3}{10}\bigstar 5\dfrac{7}{10}$

$=16\dfrac{3}{10}-\left(5\dfrac{7}{10}-2\dfrac{9}{10}\right)$

$=16\dfrac{3}{10}-\left(4\dfrac{17}{10}-2\dfrac{9}{10}\right)$

$=16\dfrac{3}{10}-2\dfrac{8}{10}$

$=15\dfrac{13}{10}-2\dfrac{8}{10}=13\dfrac{5}{10}$

3 (덜어 낸 쌀의 양)

$=7\dfrac{3}{4}+7\dfrac{3}{4}+7\dfrac{3}{4}$

$=(7+7+7)+\left(\dfrac{3}{4}+\dfrac{3}{4}+\dfrac{3}{4}\right)$

$=21+2\dfrac{1}{4}=23\dfrac{1}{4}$(kg)

(남은 쌀의 양)

$=80-23\dfrac{1}{4}=79\dfrac{4}{4}-23\dfrac{1}{4}=56\dfrac{3}{4}$(kg)

 **Jump ③ 왕문제**　　　　　14~19쪽

1　$1\dfrac{7}{16}$　　　　　　2　$5\dfrac{5}{11}$

3　$55\dfrac{3}{4}$ cm　　　　　4　7개

5　㉰~㉱ 마을, $\dfrac{4}{8}$ km　6　9개

7　$27\dfrac{7}{8}$ kg　　　　　8　영수, $1\dfrac{2}{5}$ m

9　$24\dfrac{18}{20}$ cm　　　　　10　4

11　$\dfrac{1}{5}$분 더 느립니다.　12　$1\dfrac{1}{8}$

13　$\dfrac{4}{7}$, $\dfrac{5}{7}$, $\dfrac{6}{7}$　　　14　$\dfrac{4}{5}$ km

15　과일 한 개의 무게 : $\dfrac{3}{8}$ kg,

　　그릇의 무게 : $\dfrac{5}{8}$ kg

16　$\dfrac{13}{9}$, $\dfrac{15}{9}$, $\dfrac{20}{9}$　　17　32개

18　10

1　분모 : $(26+6)\div2=16$,

분자 : $(26-6)\div2=10 \Rightarrow \dfrac{10}{16}$

따라서 다른 한 분수는 $\dfrac{13}{16}$이므로 두 진분수의

합은 $\dfrac{10}{16}+\dfrac{13}{16}=\dfrac{23}{16}=1\dfrac{7}{16}$ 입니다.

2　어떤 수를 □라 하면 $□-1\dfrac{6}{11}+2\dfrac{10}{11}=8\dfrac{2}{11}$,

$□-1\dfrac{6}{11}=8\dfrac{2}{11}-2\dfrac{10}{11}$

$=7\dfrac{13}{11}-2\dfrac{10}{11}=5\dfrac{3}{11}$,

$□=5\dfrac{3}{11}+1\dfrac{6}{11}=6\dfrac{9}{11}$입니다.

따라서 바르게 계산하면

$6\dfrac{9}{11}+1\dfrac{6}{11}-2\dfrac{10}{11}=7\dfrac{15}{11}-2\dfrac{10}{11}=5\dfrac{5}{11}$입

니다.

3　색 테이프 5장을 붙일 때, 겹쳐지는 부분이 4군
데이므로 이어 붙인 색 테이프의 전체 길이는

$\left(11\dfrac{3}{4}+11\dfrac{3}{4}+11\dfrac{3}{4}+11\dfrac{3}{4}+11\dfrac{3}{4}\right)$

$-\left(\dfrac{3}{4}+\dfrac{3}{4}+\dfrac{3}{4}+\dfrac{3}{4}\right)$

$=55\dfrac{15}{4}-\dfrac{12}{4}=55\dfrac{3}{4}$(cm)가 됩니다.

4　$2=\dfrac{8}{4}$이므로 (㉠, ㉡)=(1, 7), (2, 6), (3, 5),

(4, 4), (5, 3), (6, 2), (7, 1)의 7개입니다.

5 ㉮~㉰ 마을과 ㉯~㉱ 마을의 거리의 차는 ㉮~
㉯ 마을과 ㉰~㉱ 마을의 거리의 차와 같습니다.
따라서 ㉰~㉱ 마을이 $6\frac{1}{8}-5\frac{5}{8}=\frac{4}{8}$(km)
더 멉니다.

6 $\frac{6}{11}+\frac{10}{11}=\frac{16}{11}$,
$4\frac{1}{11}-1\frac{8}{11}=3\frac{12}{11}-1\frac{8}{11}=2\frac{4}{11}=\frac{26}{11}$
따라서 □ 안에 들어갈 수 있는 수 중 분모가
11인 가분수는
$\frac{17}{11}$, $\frac{18}{11}$, $\frac{19}{11}$, ……, $\frac{25}{11}$이므로 모두
$25-17+1=9$(개)입니다.

7 (한초의 몸무게)$=33\frac{3}{8}-3\frac{7}{8}=29\frac{4}{8}$(kg)
따라서 가영이의 몸무게는
$29\frac{4}{8}-1\frac{5}{8}=27\frac{7}{8}$(kg)입니다.

8 (웅이)$=15-(2\frac{4}{5}+2\frac{4}{5}+2\frac{4}{5}+2\frac{4}{5})$
$\qquad=3\frac{4}{5}$(m)
(영수)$=18-(3\frac{1}{5}+3\frac{1}{5}+3\frac{1}{5}+3\frac{1}{5})$
$\qquad=5\frac{1}{5}$(m)

따라서 영수의 남은 철사가
$5\frac{1}{5}-3\frac{4}{5}=1\frac{2}{5}$(m) 더 깁니다.

9 (세로)$=5\frac{8}{20}+1\frac{13}{20}=7\frac{1}{20}$(cm)
(네 변의 길이의 합)
$=5\frac{8}{20}+7\frac{1}{20}+5\frac{8}{20}+7\frac{1}{20}=24\frac{18}{20}$(cm)

10 $7◎4=\frac{7\times4}{7-4}=\frac{28}{3}=9\frac{1}{3}$,
$8◎5=\frac{8\times5}{8-5}=\frac{40}{3}=13\frac{1}{3}$
따라서 $9\frac{1}{3}<13\frac{1}{3}$이므로
$(8◎5)-(7◎4)=13\frac{1}{3}-9\frac{1}{3}=4$입니다.

11 $1\frac{3}{5}$분 $1\frac{3}{5}$분 $1\frac{3}{5}$분
1일 2일 3일 4일
시계는 처음보다 $1\frac{3}{5}+1\frac{3}{5}+1\frac{3}{5}=4\frac{4}{5}$(분)
빨라졌습니다.
따라서 정확한 시각보다 $5-4\frac{4}{5}=\frac{1}{5}$(분) 더 느
립니다.

12 두 분수의 차가 $\frac{5}{8}$이므로 두 분수를 가분수로
나타내었을 때, 한 분수의 분자가 다른 한 분수
의 분자보다 5만큼 큽니다.
한 분수의 분자를 □라 하면 다른 한 분수의 분
자는 (□+5)입니다.
$\frac{□}{8}+\frac{□+5}{8}=2\frac{7}{8}=\frac{23}{8}$에서
□+(□+5)=23, □=9이므로 두 분수는
$\frac{9}{8}=1\frac{1}{8}$, $\frac{14}{8}=1\frac{6}{8}$입니다.
따라서 두 분수 중 작은 분수는 $1\frac{1}{8}$입니다.

13
$2\frac{1}{7}=\frac{15}{7}$이므로 ㉠의 분자는
$\{15-(1+1+1)\}\div3=4$이고 ㉡=5, ㉢=6
입니다.
따라서 구하는 세 진분수는 $\frac{4}{7}$, $\frac{5}{7}$, $\frac{6}{7}$입니다.

14 공원에서 학교까지의 거리를 □km라 하면
(백화점~도서관)
=(백화점~학교)+(공원~도서관)-(공원~학교)
이므로
$4\frac{3}{5}+5\frac{3}{5}-□=9\frac{2}{5}$, $10\frac{1}{5}-□=9\frac{2}{5}$,
$□=10\frac{1}{5}-9\frac{2}{5}=\frac{4}{5}$입니다.

15 과일 3개의 무게는 $2\frac{7}{8}-1\frac{6}{8}=1\frac{1}{8}$(kg)이므
로 과일 한 개의 무게는 $\frac{3}{8}$kg이고 그릇의 무

게는 $1\frac{6}{8}-\left(\frac{3}{8}+\frac{3}{8}+\frac{3}{8}\right)=\frac{5}{8}$(kg)입니다.

16

$5\frac{3}{9}=\frac{48}{9}$이므로 ㉠의 분자는

$\{48-(2+2+5)\}\div 3=13$이고

㉡$=15$, ㉢$=20$입니다.

따라서 구하는 세 가분수는 $\frac{13}{9}$, $\frac{15}{9}$, $\frac{20}{9}$입니다.

17 $\frac{11}{24}+2\frac{17}{24}=\frac{11}{24}+\frac{65}{24}=\frac{76}{24}$이고

$\frac{\square}{24}+1\frac{19}{24}=\frac{\square}{24}+\frac{43}{24}=\frac{\square+43}{24}$이므로

$\frac{76}{24}>\frac{\square+43}{24}$ ➡ $76>\square+43$에서

$76-43>\square$, $33>\square$입니다.

따라서 $\square$ 안에 들어갈 수 있는 수는 1부터 32까지 모두 32개입니다.

18 분수를 두 개씩 묶어 보면

$\left(\frac{\bigstar}{7}-\frac{3}{7}\right)+\left(\frac{\bigstar}{7}-\frac{3}{7}\right)+\left(\frac{\bigstar}{7}-\frac{3}{7}\right)$

$+\left(\frac{\bigstar}{7}-\frac{3}{7}\right)=4$입니다.

따라서 $\frac{\bigstar}{7}-\frac{3}{7}=1$이므로

$\frac{\bigstar}{7}=1+\frac{3}{7}=1\frac{3}{7}=\frac{10}{7}$, $\bigstar=10$입니다.

Jump 4 왕중왕문제

20~25쪽

1 $5\frac{3}{14}$	**2** $68\frac{4}{5}$ cm
3 8	**4** 9
5 오후 2시	**6** 12분
7 $9\frac{2}{5}$ cm	**8** $49\frac{5}{10}$
9 $16\frac{2}{7}$	**10** $1\frac{1}{10}$ cm
11 37	**12** 49 kg

13 $3\frac{3}{8}$ m	**14** $72\frac{3}{6}$
15 $17\frac{1}{7}$	**16** 4시간
17 오전 8시 38분 40초	**18** 22개

1 어떤 수를 $\square$라 하면

$\square+3\frac{9}{14}=2\frac{3}{14}+2\frac{3}{14}+2\frac{3}{14}+2\frac{3}{14}$,

$\square+3\frac{9}{14}=8\frac{12}{14}$, $\square=8\frac{12}{14}-3\frac{9}{14}=5\frac{3}{14}$

입니다.

따라서 어떤 수는 $5\frac{3}{14}$입니다.

2 (겹쳐진 부분 한 군데의 길이)

$=14\frac{2}{5}+14\frac{2}{5}-28=\frac{4}{5}$(cm)

(색 테이프 5장을 이은 전체 길이)

$=\left(14\frac{2}{5}+14\frac{2}{5}+14\frac{2}{5}+14\frac{2}{5}+14\frac{2}{5}\right)$

$-\left(\frac{4}{5}+\frac{4}{5}+\frac{4}{5}+\frac{4}{5}\right)$

$=72-3\frac{1}{5}=68\frac{4}{5}$(cm)

3 반복되는 부분이 $\frac{7}{10}$, $1\frac{8}{10}$, $\frac{9}{10}$, $\frac{6}{10}$이므로

50번째 $50\div4=12\cdots2$에서 $1\frac{8}{10}$이고, 57번째 수는 $57\div4=14\cdots1$에서 $\frac{7}{10}$입니다.

따라서 50번째 수부터 57번째 수까지의 합은

$1\frac{8}{10}+\frac{9}{10}+\frac{6}{10}+\frac{7}{10}+1\frac{8}{10}+\frac{9}{10}+\frac{6}{10}$

$+\frac{7}{10}=2\frac{60}{10}=8$입니다.

4 $\frac{12\times\bullet+5}{\bullet}=12\frac{5}{\bullet}$이고

$\frac{10\times\bullet+7}{\bullet}=10\frac{7}{\bullet}$입니다.

$12\frac{5}{\bullet}=10\frac{7}{\bullet}+1\frac{7}{\bullet}$이고

$10\frac{7}{\bullet}+1\frac{7}{\bullet}$

$=(10+1)+\left(\frac{7}{\bullet}+\frac{7}{\bullet}\right)=11\frac{14}{\bullet}$입니다.

따라서 $12\dfrac{5}{●}=11\dfrac{14}{●}$ 이므로

$●+5=14$, $●=9$입니다.

5 수업 시간은 $\dfrac{6}{8}$ 시간씩 5번, 쉬는 시간은 $\dfrac{1}{8}$ 시

간씩 3번, 점심 시간은 $\dfrac{7}{8}$ 시간이므로 5교시를

마친 시각은

$9+\dfrac{30}{8}+\dfrac{3}{8}+\dfrac{7}{8}=9+\dfrac{40}{8}=9+5=14$(시)

➡ 오후 2시입니다.

6 물이 1분 동안 빠지는 양 :

$20\dfrac{2}{4}+30\dfrac{2}{4}-20\dfrac{1}{4}=30\dfrac{3}{4}$(L)

$369=\dfrac{1476}{4}$, $30\dfrac{3}{4}=\dfrac{123}{4}$ 이므로

$1476÷123=12$(분)이 걸립니다.

7 15분간 줄어든 양초의 길이는

$25-22\dfrac{2}{5}=2\dfrac{3}{5}$(cm)이므로

30분 후에는 $2\dfrac{3}{5}+2\dfrac{3}{5}=5\dfrac{1}{5}$(cm),

1시간 30분 후에는 $15\dfrac{3}{5}$cm가 줄어듭니다.

따라서 남은 양초의 길이는

$25-15\dfrac{3}{5}=9\dfrac{2}{5}$(cm)입니다.

8 $1\dfrac{1}{10}+2\dfrac{2}{10}+3\dfrac{3}{10}+\cdots\cdots+9\dfrac{9}{10}$

$=(1+2+\cdots\cdots+9)$

$\qquad+(\dfrac{1}{10}+\dfrac{2}{10}+\cdots\cdots+\dfrac{9}{10})$

$=45+\dfrac{45}{10}=49\dfrac{5}{10}$

9 $△+△=21\dfrac{5}{7}-10\dfrac{6}{7}=10\dfrac{6}{7}$이므로

$△=5\dfrac{3}{7}$입니다. ➡ ㉠$=10\dfrac{6}{7}+5\dfrac{3}{7}=16\dfrac{2}{7}$

10 색 테이프 5장의 길이의 합 :

$7\dfrac{4}{10}+10\dfrac{1}{10}+7\dfrac{5}{10}+9\dfrac{2}{10}+8\dfrac{7}{10}$

$=41\dfrac{19}{10}=42\dfrac{9}{10}$(cm)

겹쳐 붙인 부분의 길이의 합 :

$42\dfrac{9}{10}-38\dfrac{5}{10}=4\dfrac{4}{10}$(cm)

따라서 겹쳐 붙인 부분은 4군데이고

$4\dfrac{4}{10}=1\dfrac{1}{10}+1\dfrac{1}{10}+1\dfrac{1}{10}+1\dfrac{1}{10}$ 이므로

$1\dfrac{1}{10}$ cm씩 겹쳐 붙였습니다.

11 $\dfrac{1}{3}+\dfrac{2}{3}=1$,

$$\underbrace{\dfrac{1}{5}+\overbrace{\dfrac{2}{5}+\dfrac{3}{5}}^{1}+\dfrac{4}{5}}_{1}=2,$$

$$\underbrace{\dfrac{1}{7}+\overbrace{\dfrac{2}{7}+\overbrace{\dfrac{3}{7}+\dfrac{4}{7}}^{1}+\dfrac{5}{7}}^{1}+\dfrac{6}{7}}_{1}=3$$

➡ 분모가 홀수이면서 1보다 작은 연속하는 진
분수의 합은 진분수의 개수의 반입니다.

따라서 진분수의 개수는 $18×2=36$(개)이므로

□$=36+1=37$입니다.

12 (석기)+(가영)$=48\dfrac{6}{10}$kg,

(가영)+(동민)$=50\dfrac{2}{10}$kg,

(석기)+(가영)+(동민)$=73\dfrac{9}{10}$kg

(석기)

$=\{(석기)+(가영)+(동민)\}-\{(가영)+(동민)\}$

$=73\dfrac{9}{10}-50\dfrac{2}{10}=23\dfrac{7}{10}$(kg)

(동민)

$=\{(석기)+(가영)+(동민)\}-\{(석기)+(가영)\}$

$=73\dfrac{9}{10}-48\dfrac{6}{10}=25\dfrac{3}{10}$(kg)

➡ (석기)+(동민)$=23\dfrac{7}{10}+25\dfrac{3}{10}=49$(kg)

13 막대의 길이에서 물에 젖지 않은 부분의 길이를
뺀 것은 연못 깊이의 2배입니다.

$8\dfrac{3}{8}-1\dfrac{5}{8}=6\dfrac{6}{8}$(m)

연못 깊이의 두 배가 $6\dfrac{6}{8}$ m이므로 연못의 깊이

는 $6\dfrac{6}{8}$ m의 절반인 $3\dfrac{3}{8}$ m입니다.

14 가장 큰 분수와 가장 작은 분수의 순서로 두 개
씩 짝을 지어 합을 구하면

$$\left(\frac{29}{6}+\frac{1}{6}\right)+\left(\frac{28}{6}+\frac{2}{6}\right)+\left(\frac{27}{6}+\frac{3}{6}\right)+$$

$$\cdots\cdots+\left(\frac{16}{6}+\frac{14}{6}\right)+\frac{15}{6}$$

$$=\underbrace{\frac{30}{6}+\frac{30}{6}+\frac{30}{6}+\cdots\cdots+\frac{30}{6}}_{14개}+\frac{15}{6}$$

$$=\underbrace{5+5+5+\cdots\cdots+5}_{14개}+\frac{15}{6}$$

$$=5\times14+\frac{15}{6}$$

$$=70+2\frac{3}{6}=72\frac{3}{6}$$

별해 분모가 모두 6으로 같으므로 분자끼리 더
하면

$$29+28+\cdots\cdots+2+1$$
$$=(29+1)+(28+2)+\cdots$$
$$+(16+14)+15$$
$$=30\times14+15=435$$

➡ $\dfrac{29}{6}+\dfrac{28}{6}+\cdots\cdots+\dfrac{1}{6}=\dfrac{435}{6}$

$$=72\frac{3}{6}$$

15 가장 큰 대분수는 $86\frac{5}{7}$, 두 번째로 큰 대분수는

$85\frac{6}{7}$, 세 번째로 큰 대분수는 $68\frac{5}{7}$입니다.

가장 작은 대분수는 $58\frac{6}{7}$, 두 번째로 작은 대분

수는 $68\frac{5}{7}$, 세 번째로 작은 대분수는 $85\frac{6}{7}$입

니다.

따라서 분모가 7인 세 번째로 큰 대분수와 세
번째로 작은 대분수의 차는

$85\frac{6}{7}-68\frac{5}{7}=17\frac{1}{7}$입니다.

별해 만들 수 있는 대분수는 $58\frac{6}{7}$, $68\frac{5}{7}$, $85\frac{6}{7}$,

$86\frac{5}{7}$이므로 세 번째로 큰 수는 $68\frac{5}{7}$, 세 번

째로 작은 수는 $85\frac{6}{7}$입니다.

➡ $85\frac{6}{7}-68\frac{5}{7}=17\frac{1}{7}$

16 $\frac{6}{36}+\frac{6}{36}=\frac{12}{36}$이므로 영수가 1시간에 하는

일의 양은 전체의 $\frac{6}{36}$,

$\frac{1}{36}+\frac{1}{36}+\frac{1}{36}=\frac{3}{36}$이므로 한초가 1시간에

하는 일의 양은 전체의 $\frac{1}{36}$입니다.

세 사람이 1시간에 하는 일의 양은 전체의

$\frac{2}{36}+\frac{6}{36}+\frac{1}{36}=\frac{9}{36}$이고

$\frac{9}{36}+\frac{9}{36}+\frac{9}{36}+\frac{9}{36}=1$이므로 4시간 만에

일을 끝낼 수 있습니다.

17 9월 1일 오전 9시부터 9월 9일 오전 9시까지는
8일간이므로

$$\underbrace{2\frac{2}{3}+2\frac{2}{3}+\cdots+2\frac{2}{3}}_{8번}=16\frac{16}{3}=21\frac{1}{3}(분)$$

늦은 시각을 가리키고 있습니다.

$21\frac{1}{3}$분=21분 20초이므로 이 시계가 가리키는

시각은 9시-21분 20초=8시 38분 40초입니다.

18 $3\frac{3}{25}=\frac{78}{25}$이므로 2개의 분수의 차가 $\frac{78}{25}$인 뺄

셈식을 만들면 $\frac{79}{25}-\frac{1}{25}$, $\frac{80}{25}-\frac{2}{25}$,

$\frac{81}{25}-\frac{3}{25}$, $\cdots$, $\frac{100}{25}-\frac{22}{25}$입니다.

따라서 만들 수 있는 뺄셈식은 모두 22개입니다.

Jump 5 영재교육원 입시대비문제

26쪽

1	$896\frac{9}{16}$	2	$2\frac{4}{8}$ m

1 분모가 16인 분수 중에서 자연수로 나타낼 수
있는 분수는

$\frac{16}{16}$, $\frac{32}{16}$, $\frac{48}{16}$, $\frac{64}{16}$, $\frac{80}{16}$, $\frac{96}{16}$, $\frac{112}{16}$, $\frac{128}{16}$,

$\frac{144}{16}$, $\frac{160}{16}$입니다.

$\left(\frac{1}{16}+\frac{2}{16}+\cdots\cdots+\frac{173}{16}+\frac{174}{16}\right)$

$-\left(\frac{16}{16}+\frac{32}{16}+\cdots\cdots+\frac{144}{16}+\frac{160}{16}\right)$

$$= \frac{(1+174) \times 87}{16} - 55 = \frac{15225}{16} - 55$$

$$= 951\frac{9}{16} - 55 = 896\frac{9}{16}$$

2

물에 잠기는 부분

a ├─①─┤ ⟹ a 막대의 길이 : ①+①=②

b ├──────┤ ⟹ b 막대의 길이 : ①+①+①=③

c ├────────┤ ⟹ c 막대의 길이 :
①+①+①+①=④

세 막대의 길이의 합은 ②+③+④=⑨이고

⑨$= 22\frac{4}{8} = \frac{180}{8} = \underbrace{\frac{20}{8} + \frac{20}{8} + \cdots\cdots + \frac{20}{8}}_{\text{9개}}$

이므로 ①$= \frac{20}{8} = 2\frac{4}{8}$(m)입니다.

따라서 강물의 깊이는 $2\frac{4}{8}$ m입니다.

2 삼각형

1 (1) 7, 45 (2) 50	2 풀이 참조
3 115°	4 16, 16

1 (1) $(180° - 90°) \div 2 = 45°$
  (2) $180° - (65° \times 2) = 50°$

2 (1) 예

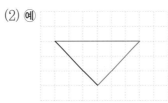

  (2) 예

3 두 변의 길이가 같으므로 삼각형 ㄱㄴㄷ은 이등
  변삼각형입니다.
  (각 ㄱㄷㄴ)$= (180° - 50°) \div 2 = 65°$이므로
  ㉠$= 180° - 65° = 115°$입니다.

4 길이가 같은 두 변의 길이를 8 cm로 하면 나머
  지 변의 길이는 24 cm가 되고 8 cm+8 cm
  <24 cm이므로 삼각형을 만들 수 없습니다.
  따라서 길이가 같은 두 변의 길이는
  $(40-8) \div 2 = 16$(cm)입니다.

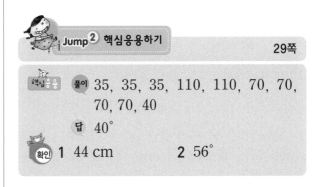

Jump 2 핵심응용하기

핵심응용 풀이	35, 35, 35, 110, 110, 70, 70, 70, 70, 40
답	40°
확인 1 44 cm	2 56°

1 이등변삼각형은 두 변의 길이가 같으므로
  (변 ㄱㄷ의 길이)=(변 ㄱㄹ의 길이)=13 cm
  이고 변 ㄷㄹ의 길이는 9 cm입니다.

따라서 사각형 ㄱㄴㄷㄹ의 둘레의 길이는
$13 \times 2 + 9 \times 2 = 44$(cm)입니다.

2 삼각형 ㄱㄴㄷ은 이등변삼각형이므로
각 ㄱㄷㄴ과 각 ㄱㄴㄷ의 크기가 같습니다.
(각 ㄱㄷㄴ)$=180° - 118° = 62°$이므로
각 ㄴㄱㄷ의 크기는 $180° - 62° - 62° = 56°$입니다.

 Jump ① 핵심알기   30쪽

1 (1) 6, 6   (2) 60   **2** 풀이 참조
3 (1) 120   (2) 120   **4** 36 cm

2 (1) 예

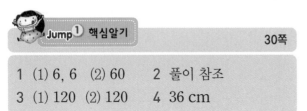

(2) 예

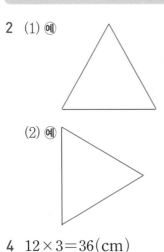

4 $12 \times 3 = 36$(cm)

Jump ② 핵심응용하기   31쪽

핵심응용 **풀이** 이등변삼각형, 45, 60, 60, 45, 75
답 75°

확인 **1** 8 cm   **2** 4개
3 6장

1 정사각형은 네 변의 길이가 모두 같으므로 둘레의 길이는 $6 \times 4 = 24$(cm)이고 정사각형과 정삼각형의 둘레의 길이가 같다고 하였으므로 정삼각형의 둘레의 길이는 24 cm입니다.
따라서 정삼각형의 한 변의 길이는
$24 \div 3 = 8$(cm)입니다.

2 한 변의 길이가 7 cm인 정삼각형 한 개를 만드는 데 필요한 철사의 길이는 $7 \times 3 = 21$(cm)입니다.
따라서 $100 - 21 - 21 - 21 - 21 = 16$(cm)이므로 예슬이는 정삼각형을 4개까지 만들 수 있습니다.

3 둘레의 길이가 150 cm인 정삼각형의 한 변의 길이는 50 cm이므로 반지름의 길이를 한 변으로 하는 정삼각형을 오려내면 됩니다. 원의 중심각은 360°이므로 원을 6등분하면 한 변이 50 cm인 정삼각형을 6장 오려 낼 수 있습니다.

Jump ① 핵심알기   32쪽

1 (1) ㉰, ㉱, ㉲   (2) ㉯, ㉶
2 풀이 참조   **3** 풀이 참조
4 5개

2

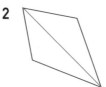

3 예

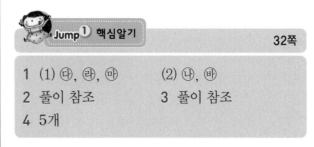

둔각삼각형은 한 각이 둔각이 되도록 그립니다.

4

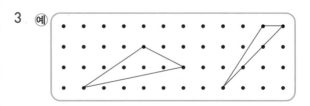

예각삼각형은 ㉡, ㉣, ㉦, ㉤, ㉨으로 모두 5개입니다.

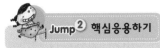 **33쪽**

 풀이 70, 75, 95, 77, 예각, 둔각

답 ㉢

 1 예각삼각형 **2** 10개

3 38

1 삼각형의 세 각의 크기의 합은 180°입니다.
따라서 (각 ㄴㄱㄷ)=180°−48°−45°=87°
이므로 삼각형 ㄱㄴㄷ은 예각삼각형입니다.

2
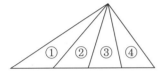

예각삼각형 1개짜리는 삼각형 ③, 예각삼각형 2
개짜리는 삼각형 ②+③, 삼각형 ③+④, 예각
삼각형 3개짜리는 삼각형 ①+②+③, 삼각형
②+③+④이고 둔각삼각형 1개짜리는 삼각형
①, 삼각형 ②, 삼각형 ④, 둔각삼각형 2개짜리
는 삼각형 ①+②, 둔각삼각형 4개짜리는 삼각
형 ①+②+③+④입니다.
따라서 크고 작은 예각삼각형과 둔각삼각형의
개수의 합은 1+2+2+3+1+1=10(개)입
니다.

3 나머지 한 각의 크기는 90°보다 작아야 하므로
나머지 한 각의 크기를 가장 큰 89°라고 하면
★=180°−(53°+89°), ★=38°입니다.

 **34쪽**

1 이등변삼각형 **2** 예각삼각형

3 이등변삼각형 **4** ㉠, ㉣, ㉤

4 ㉠ 세 각이 모두 예각이므로 예각삼각형입니다.
㉣ 두 변의 길이가 같으므로 이등변삼각형입니
다.
㉤ 세 변의 길이가 같으므로 정삼각형입니다.

Jump2 핵심응용하기 **35쪽**

풀이 5, 6, 2, 4, 5, 5, 6, 6, 1, 1, 2, 2,
3, 3, 4, 12 / 1, 2, 3, 4, 5, 6, 6

답 2, 12, 6

1 12개 **2** 12개

1 (1, 2, 원의 중심), (2, 3, 원의 중심) …… (12,
1, 원의 중심)으로 12개를 그릴 수 있습니다.

2 (1, 3, 원의 중심), (2, 4, 원의 중심) ……
(12, 2, 원의 중심)의 세 점을 이으면 한 각의 크
기가 60°인 삼각형을 그릴 수 있으므로 모두 12
개를 그릴 수 있습니다.

Jump3 왕문제 **36~41쪽**

1 50°	**2** 13 cm
3 112 cm	**4** 3개
5 16 cm	**6** 7
7 108 cm	**8** 39 cm
9 4	**10** 20개
11 ㉠ : 122°, ㉡ : 103°	
12 320 cm	**13** 11 cm, 12 cm
14 24개	**15** 5가지
16 12개	**17** 9 cm
18 4 cm	

1 삼각형 ㄱㄴㄷ이 이등변삼각형이므로
(각 ㄱㄴㄷ)=(각 ㄱㄷㄴ)
=(180°−130°)÷2
=50°÷2=25°
각 ㄴㄷㄹ이 직각이므로
(각 ㄱㄷㄹ)=90°−25°=65°
삼각형 ㄱㄷㄹ도 이등변삼각형이므로
(각 ㄷㄱㄹ)=(각 ㄱㄷㄹ)=65°
➡ (각 ㄱㄹㄷ)=180°−65°−65°=50°

2 삼각형 ㄱㄴㄷ이 이등변삼각형이므로

2. 삼각형 **11**

(변 ㄱㄴ)=(변 ㄱㄷ)=(30−12)÷2=9(cm)
삼각형 ㄱㄷㄹ도 이등변삼각형이므로
(변 ㄱㄹ)=(변 ㄷㄹ)=(35−9)÷2=13(cm)

3 (선분 ㄱㄷ)=(선분 ㄹㅂ)=24 cm이고, 선분 ㄱㅅ의 길이를 □라고 하면 선분 ㅅㄷ의 길이는 □×2이므로 □+□×2=24, □×3=24, □=8(cm)
삼각형 ㅅㅁㄷ은 한 변의 길이가 8×2=16 (cm)인 정삼각형이므로
(선분 ㄱㅅ)=(선분 ㄹㅅ)=(선분 ㄴㅁ)
           =(선분 ㄷㅂ)=8 cm입니다.
(색칠한 부분의 둘레의 합)
=(24+8+16+8)×2=56×2=112(cm)

4 변 ㄷㄹ의 길이와 변 ㅁㄹ의 길이가 같으므로 삼각형 ㄹㄷㅁ은 이등변삼각형입니다.
(각 ㄹㅁㄷ)=(각 ㄹㄷㅁ)=52°
➡ 삼각형 ㄹㅁㄷ에서
(각 ㄷㄹㅁ)=180°−52°−52°=76°입니다.
삼각형 ㄴㄹㅁ에서 변 ㄴㄹ의 길이와 변 ㄴㅁ의 길이가 같으므로 이등변삼각형이고
(각 ㄴㄹㅁ)=(각 ㄴㅁㄹ)=52°입니다.
삼각형 ㄱㄹㅁ에서
(각 ㄱㅁㄹ)=180°−52°−39°=89°입니다.
따라서 예각삼각형은 삼각형 ㄱㄹㅁ, 삼각형 ㄴㄹㅁ, 삼각형 ㄷㄹㅁ으로 모두 3개입니다.

5 삼각형 ㄴㄷㄹ이 이등변삼각형이므로
(변 ㄴㄹ)=(변 ㄴㄷ)=6 cm
삼각형 ㄱㄴㄷ도 이등변삼각형이므로
(변 ㄱㄴ)=(변 ㄱㄷ)
           =(24−6)÷2=18÷2=9(cm)
(선분 ㄷㄹ)=(선분 ㄱㄷ)−(선분 ㄱㄹ)
           =9−5=4(cm)
따라서 삼각형 ㄴㄷㄹ의 둘레는
6+6+4=16(cm)입니다.

6
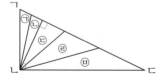
예각삼각형 : ㉡+㉢, ㉠+㉡+㉢, ㉡+㉢+㉣, ㉠+㉡+㉢+㉣+㉤, ㉡+㉢+㉣+㉤
➡ 5개 → ㉮=5

직각삼각형 : ㉡, ㉢, ㉠+㉡, ㉢+㉣, ㉢+㉣+㉤, ㉠+㉡+㉢+㉣+㉤
➡ 6개 → ㉯=6
둔각삼각형 : ㉠, ㉣, ㉤, ㉣+㉤
➡ 4개 → ㉰=4
따라서 ㉮+㉯−㉰=5+6−4=7입니다.

7 (정삼각형의 한 변의 길이)=18÷3=6(cm)
도형의 둘레는 정삼각형 한 변의 18배이므로
6×18=108(cm)입니다.

8 이등변삼각형의 두 변의 길이는 각각 (18−4)÷2=7(cm)입니다.
도형의 둘레는 7 cm인 변이 5개, 4 cm인 변이 1개이므로 7×5+4=35+4=39(cm)입니다.

9
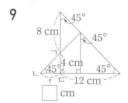

왼쪽 그림에서 삼각형 ㄱㄴㄷ은 한 각이 직각인 이등변삼각형이므로 □=12−8=4(cm)입니다.

10 : 12개, 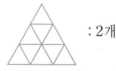 : 6개,

: 2개
➡ 12+6+2=20(개)

11 삼각형 ㄹㅁㅂ은 이등변삼각형이므로 각 ㅁㅂㄹ은 (180°−116°)÷2=32°에서 ㉠=32°+90°=122°입니다.
삼각형 ㄱㄴㄷ은 직각이등변삼각형이므로 각 ㄷㄱㄴ은 45°에서 ㉡=(180°−122°)+45°=103°입니다.

12 이등변삼각형이 1개일 때 : 10+10+6
이등변삼각형이 2개일 때 : 10+10+6+6
이등변삼각형이 3개일 때 : 10+10+6+6+6
⋮
이등변삼각형이 50개일 때 :
10+10+6+6+……+6
따라서 삼각형의 수와 길이가 6 cm인 변의 개

수가 같으므로 이등변삼각형을 이어 붙여 만든 도형의 둘레의 길이는

$10+10+(6\times50)=320(cm)$입니다.

13 긴 변의 길이는 ① 길이가 같은 두 변이거나 ② 길이가 다른 한 변일 수 있으므로 긴 변의 길이를 □라 하면

① $□+□+(□-3)=30$, $3\times□=33$, $□=11(cm)$이고

② $□+(□-3)+(□-3)=30$, $3\times□=36$, $□=12(cm)$입니다.

따라서 이등변삼각형의 긴 변이 될 수 있는 길이는 11 cm, 12 cm입니다.

14 가장 작은 정사각형에서 찾을 수 있는 이등변삼각형의 개수는 8개,

중간 크기의 정사각형에서 찾을 수 있는 이등변삼각형의 개수는 8개,

가장 큰 정사각형에서 찾을 수 있는 이등변삼각형의 개수는 8개

따라서 찾을 수 있는 크고 작은 이등변삼각형은 모두 $8+8+8=24$(개)입니다.

15 모양과 크기가 다른 이등변삼각형을 만들어 보면 다음 그림과 같습니다.

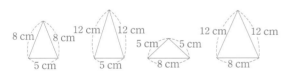

16 작은 삼각형 1개로 된 예각삼각형 : 8개

작은 삼각형 4개로 된 예각삼각형 : 2개

작은 삼각형 4개와 사각형 1개로 된 예각삼각형 : 2개 ➡ $8+2+2=12$(개)

17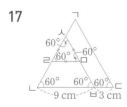

왼쪽 그림과 같이 선분 ㅁㅅ을 그어 보면 삼각형 ㅅㄹㅁ과 삼각형 ㅅㄴㅂ은 정삼각형입니다.

따라서 (선분 ㄹㅁ)=(선분 ㅁㅅ)이므로 구하는 길이는 선분 ㅅㅂ의 길이와 같습니다.

또 (선분 ㅅㅂ)=(선분 ㄴㅂ)이므로 $12\div4\times3=9(cm)$입니다.

18 각 ㄱㄴㅇ의 크기는 $30°$이므로 각 ㄱㅇㄷ의 크기는 $60°$입니다.

선분 ㅇㄱ과 ㅇㄷ은 반지름으로 길이가 같으므로 삼각형 ㄱㅇㄷ은 이등변삼각형이고, 각 ㅇㄱㄷ과 각 ㅇㄷㄱ의 크기는 각각 $60°$입니다.

따라서 삼각형 ㄱㅇㄷ은 정삼각형이므로 선분 ㄱㄷ의 길이는 4 cm입니다.

Jump 4 왕중왕문제　　42~47쪽

1	15개	2	13 cm
3	28개	4	52°
5	63개	6	6개
7	5개	8	65°
9	105°	10	60°
11	108°	12	75°
13	27개	14	60°
15	52개	16	36개
17	33°	18	12개

1

주어진 도형의 왼쪽 부분에서 찾을 수 있는 둔각삼각형은

1개로 된 둔각삼각형 : 3개

2개로 된 둔각삼각형 : 2개

3개로 된 둔각삼각형 : 1개

5개로 된 둔각삼각형 : 1개

마찬가지로 오른쪽 부분에서도 7개

왼쪽과 같은 모양이 1개 있으므로 모두 $7+7+1=15$(개)입니다.

2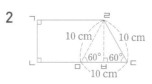

왼쪽 그림과 같이 보조선 ㄹㅁ을 그어 정삼각형 ㄹㅁㄷ을 만들면 선분 ㅂㄷ의 길이는

$10\div2=5(cm)$입니다.

따라서 변 ㄱㄹ의 길이는 $18-5=13(cm)$입니다.

3 삼각형 1개로 된 것 : 12개
삼각형 2개로 된 것 : 8개
삼각형 3개로 된 것 : 4개
삼각형 6개로 된 것 : 4개
따라서 찾을 수 있는 이등변삼각형은 모두
$12+8+4+4=28$(개)입니다.

4 각 ㄹㅁㄴ의 크기는 $98°-23°=75°$이고 삼각
형 ㅁㅂㄷ은 이등변삼각형이므로
각 ㄷㅂㅁ의 크기는 $180°-75°×2=30°$입니다.
따라서 각 ㄹㄱㅂ의 크기는
$180°-(98°+30°)=52°$입니다.

5 첫 번째 도형에서는 $1+2=3$(개), 두 번째 도
형에서는 $1+2+4=7$(개),
세 번째 도형에서는 $1+2+4+8=15$(개)
따라서 다섯 번째는
$1+2+4+8+16+32=63$(개)입니다.

6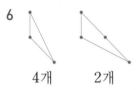

4개 　　2개

7

예각삼각형 :
ㄴ과 같은 모양 5개
(ㄱ+ㄴ)과 같은 모양 10개 ⎫
(ㄴ+ㅁ+ㅇ+ㅈ+ㅋ)과 같은 모양 5개 ⎭ 20개
둔각삼각형:
ㄱ과 같은 모양 5개 ⎫
(ㄱ+ㄴ+ㄷ)과 같은 모양 5개 ⎬ 15개
(ㄹ+ㅁ+ㅂ)과 같은 모양 5개 ⎭
따라서 예각삼각형과 둔각삼각형의 개수의 차는
$20-15=5$(개)입니다.

8 (각 ㄷㄹㅁ)=(각 ㄷㅁㄹ)$=70°$,
(각 ㄹㄷㅁ)$=180°-70°-70°=40°$
(각 ㄴㄷㄹ)$=90°+40°=130°$,
삼각형 ㄷㄴㄹ도 이등변삼각형이므로
(각 ㄷㄴㄹ)=(각 ㄷㄹㄴ)
$=(180°-130°)÷2=25°$
(각 ㄹㅂㅁ)=(각 ㄴㅂㄷ)

$=180°-90°-25°=65°$

9 삼각형 ㄱㄴㄷ이 정삼각형이므로
(각 ㄱㄷㄴ)$=60°$이고,
(각 ㄱㄷㄹ)$=180°-60°=120°$입니다.
삼각형 ㄱㄷㄹ은 이등변삼각형이므로
(각 ㄷㄱㄹ)=(각 ㄷㄹㄱ)
$=(180°-120°)÷2=30°$입니다.
사각형 ㄱㄷㅂㅅ은 정사각형이므로 네 각의 크
기는 모두 $90°$이고
(각 ㅅㄱㅇ)$=90°-30°=60°$,
(각 ㄱㅅㄷ)$=45°$입니다.
삼각형 ㅅㄱㅇ에서
(각 ㅅㅇㄱ)$=180°-60°-45°=75°$이므로
(각 ㅅㅇㅁ)$=180°-75°=105°$입니다.
별해 (각 ㄷㄹㄱ)=(각 ㄷㄱㄹ)$=30°$이고 (각
ㄱㄷㅁ)$=90°$이므로 삼각형 ㄱㄷㅁ에서
(각 ㄱㄷㅁ)$=180°-90°-30°=60°$입
니다.
삼각형 ㅇㄷㅁ에서 (각 ㅇㄷㅁ)$=45°$이므
로 (각 ㄷㅇㅁ)$=180°-45°-60°=75°$
입니다. 따라서 (각 ㅅㅇㅁ)$=180°-75°$
$=105°$입니다.

10 (각 ㄹㅂㅁ)=(각 ㄹㅂㄷ)
$=(180°-30°)÷2=75°$
(각 ㅁㄹㅂ)$=180°-75°-90°=15°$
(각 ㄱㄹㅁ)$=90°-15°-15°=60°$
(변 ㄱㄹ)=(변 ㄹㅁ)이므로 삼각형 ㄹㄱㅁ은 이
등변삼각형입니다.
(각 ㄹㄱㅁ)$=(180°-60°)÷2=60°$

11 도형은 사각형 ㄱㄴㄷㄹ과 삼각형 ㄱㄹㅁ으로
나누어지므로
(도형의 다섯 각의 크기의 합)
=(사각형의 네 각의 크기의 합)
　+(삼각형의 세 각의 크기의 합)
$=360°+180°=540°$
(도형의 한 각의 크기)$=540°÷5=108°$
삼각형 ㄷㄹㅁ은 이등변삼각형이므로
(각 ㄹㄷㅁ)=(각 ㄹㅁㄷ)
$=(180°-108°)÷2=36°$
(각 ㅁㄹㄱ)=(각 ㄹㄷㅁ)$=36°$
삼각형 ㅂㄹㅁ에서
(각 ㄹㅂㅁ)$=180°-36°-36°=108°$입니다.

14 수학 4-2

12 각 ㄱㄴㅅ의 크기는 60°이므로 삼각형 ㄱㄴㅅ은 정삼각형입니다.
각 ㄱㅇㅂ의 크기는 45°이고 각 ㅁㅅㅇ의 크기는 60°이므로
(각 ㅅㅁㅇ)=180°−(60°+45°)=75°입니다.
따라서 (각 ㄹㅁㄷ)=(각 ㅅㅁㅇ)이므로 각 ㄹㅁㄷ의 크기는 75°입니다.

13 1개로 된 정삼각형 : 16개,
4개로 된 정삼각형 : 7개,
9개로 된 정삼각형 : 3개,
16개로 된 정삼각형 : 1개
따라서 모두 16+7+3+1=27(개)입니다.

14 보조선 ㄹㅇ을 그으면 삼각형 ㄹㅇㄷ은 정삼각형이 되고 각 ㄹㄷㄴ의 크기는 60°÷2=30°이므로 각 ㄹㄴㄷ의 크기는 180°−90°−30°=60°입니다.

15 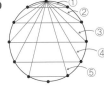 ①, ②, ③, ⑤는 각각 12개씩, ④는 4개를 그릴 수 있으므로 만들 수 있는 이등변삼각형은 모두 12×4+4=52(개)입니다.

16 ① : 16개, ② : 8개, ③ : 4개, ④ : 4개, ⑤ : 4개
➡ 16+8+4+4+4 =36(개)

17 각 ㄱㄷㄴ과 각 ㄱㄷㄹ의 크기의 합은 180°이므로 각 ㄱㄷㄴ의 크기는
(180°−9°)÷3+9°= 66°입니다.
삼각형 ㄱㄷㄹ은 이등변삼각형이므로 각 ㄷㄱㄹ은 66°÷2=33°입니다.

18 오른쪽 그림과 같이 직선을 4개 그으면 정삼각형 1개짜리가 6개, 정삼각형 2개짜리가 3개, 도형 4개짜리가 1개, 도형 5개짜리가 1개, 도형 7개짜리가 1개이므로 모두 12개입니다.

 **48쪽**

1 45°　　**2** 풀이 참조

1 정사각형의 네 각의 크기는 모두 90°이므로 (각 ㅁㄷㅈ)=45°입니다.
삼각형 ㅁㄷㅈ은 이등변삼각형이므로 각 ㅈㅁㄷ은 180°−45°=135°의 절반인 67.5°입니다.
(각 ㄴㅁㅈ)=(각 ㄷㅁㅊ),
(각 ㄴㅁㅈ)=90°−67.5°=22.5°이므로
(각 ㄴㅁㅈ)+(각 ㄷㅁㅊ)=22.5°+22.5° =45°입니다.

2 예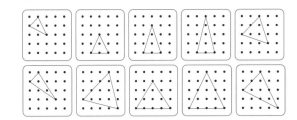

3 소수의 덧셈과 뺄셈

Jump① 핵심알기   50쪽

> 1 0.23, 영 점 이삼   2 0.06, 0.17
> 3 (1) 7.62   (2) 63.56
> 4 0.85 m

1 색칠한 부분은 23칸입니다.

2 0과 0.1 사이를 10칸으로 나누었으므로 작은 눈금 1칸의 크기는 0.01입니다.

4 1 cm=0.01 m이므로 85 cm=0.85 m입니다.

Jump② 핵심응용하기   51쪽

> 핵심응용 **풀이** 10.01, 10.12, 10.23, 10.34,
> 　　　　　　10.45, 10.56, 10.67, 10.78,
> 　　　　　　10.89, 9, 10, 19, 10, 9, 10, 90
> 　　　　　**답** 90개
> 확인 1 0.52 m   2 3.26
> 　　　3 62.45

1 정사각형은 네 변의 길이가 같은 사각형입니다.
   (정사각형의 네 변의 길이의 합)
   =13×4=52(cm)
   따라서 1 cm=0.01 m이므로
   52 cm=0.52 m입니다.

2 3.2와 3.3 사이에 있는 소수 두 자리 수의 소수 첫째 자리 숫자가 2이므로 소수 둘째 자리 숫자는 6입니다.

3 60에 가장 가까운 소수 두 자리 수가 되려면 십의 자리에 5 또는 6이 와야 합니다.
   십의 자리가 5인 소수 두 자리 수 중에서 60에 가장 가까운 수는 56.42이고,
   십의 자리가 6인 소수 두 자리 수 중에서 60에

가장 가까운 수는 62.45입니다.
둘 중에 60에 더 가까운 소수 두 자리 수는 62.45입니다.

Jump① 핵심알기   52쪽

> 1 0.704, 영 점 칠영사   2 0.255, 0.264
> 3 11.573 km   4 5

2 0.25와 0.26 사이를 10칸으로 나누었으므로 작은 눈금 1칸의 크기는 0.001입니다.

3 573 m=$\frac{573}{1000}$ km=0.573 km이므로
   용희가 뛴 거리는 11.573 km입니다.
   ➡ 11 km 573 m=11.573 km

4 405 m=$\frac{405}{1000}$ km=0.405 km

Jump② 핵심응용하기   53쪽

> 핵심응용 **풀이** 2, 37, 3, 28, 2, 37, 3, 28, 5, 65,
> 　　　　　　0.065, 5, 65, 5.065
> 　　　　　**답** 5.065 km
> 확인 1 $\frac{193}{1000}$, 0.248, $\frac{937}{1000}$, 0.806
> 　　　2 0.012 km   3 다

1 $\frac{193}{1000}$=0.193, $\frac{937}{1000}$=0.937
   따라서 9>4>3>0이므로 소수 둘째 자리 숫자가 가장 큰 수부터 차례대로 쓰면
   $\frac{193}{1000}$, 0.248, $\frac{937}{1000}$, 0.806입니다.

2 계단 80개의 높이는 15×80=1200(cm)입니다.
   ➡ 1200 cm=12 m=0.012 km

3 각각의 무게와 1 kg을 비교하여 큰 수에서 작은
수를 빼어 그 차를 비교합니다.
가 : 1034－1000＝34(g)
나 : 1000－120＝880(g)
다 : 1000－997＝3(g)
라 : 1009－1000＝9(g)

Jump① 핵심알기   54쪽

1 (1) 1.24, 0.124   (2) 0.91, 9.1
2 2개
3 3.2, $\dfrac{146}{100}$, 0.985, 0.979
4 가영, 영수, 석기

2 0.19∅＝0.19, 32.1∅＝32.1

3 $\dfrac{146}{100}$＝1.46

4 모두 같은 단위로 고친 후 크기를 비교합니다.
모두 cm 단위로 같게하면
영수의 키는 153.8 cm,
가영이의 키는 162.4 cm,
석기의 키는 140.9 cm이므로
키가 가장 큰 순서대로 이름을 쓰면 가영, 영수,
석기입니다.

Jump② 핵심응용하기   55쪽

핵심응용 풀이 23.645, 23.645, 2364.5
답 2364.5
확인 1 100배   2 ㉠, ㉢, ㉡
3 0.027 km

1 ㉠은 일의 자리이므로 3을 나타내고 ㉡은 소수
둘째 자리이므로 0.03을 나타냅니다.
따라서 3은 0.03의 100배입니다.

2 자연수 부분이 두 자리 수인 ㉠이 가장 큽니다. ㉢
의 □ 안에 가장 작은 숫자인 0을 넣고 ㉡의 □ 안
에 가장 큰 숫자인 9를 넣어도 ㉢이 ㉡보다 더 큽
니다. ➡ 0.95＞0.939

3 270의 10배는 270×10＝2700(cm)입니다.
따라서 신영이가 가지고 있는 끈의 길이는
2700 cm＝27 m＝0.027 km입니다.

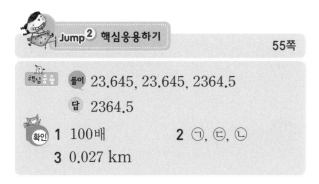
Jump① 핵심알기   56쪽

1 0.4, 0.6   2 0.8 cm
3 1.5 km   4 0.84 km
5 1.02 kg

2 (석기가 그은 선의 길이)
＝(처음에 그은 선의 길이)
＋(나중에 그은 선의 길이)
＝0.3＋0.5
＝0.8(cm)

3 (학교~공원)＝(학교~서점)＋(서점~공원)
＝0.6＋0.9
＝1.5(km)

4 (두 사람이 달린 거리)
＝(한초가 달린 거리)＋(석기가 달린 거리)
＝0.46＋0.38
＝0.84(km)

5 (영수가 산 과일의 무게)
＝(배 한 개의 무게)＋(사과 한 개의 무게)
＝0.59＋0.43
＝1.02(kg)

Jump② 핵심응용하기   57쪽

 풀이 0.5, ㄹㅁ, 0.5, ㅁㄹ, ㄹㄱ, 0.5, 0.5,
0.3, 0.5, 0.5, 2.3
답 2.3 m

1 1.7 L   **2** 5
3 0.28 m

1 1 L=1000 mL이므로 900 mL=0.9 L입니다.
따라서 포도 주스와 오렌지 주스는 모두
0.8+0.9=1.7(L)입니다.

2 0.22+0.43=0.65, 0.81+0.08=0.89
0.65<0.52+0.□2<0.89에서 □ 안에 들어
갈 수 있는 숫자는 2, 3입니다.
➡ 2+3=5

3 직사각형의 네 변의 길이의 합이 0.84 m이므
로 0.42+0.42=0.84에서 가로와 세로의 합
은 0.42 m입니다.
따라서 가로가 0.14 m이므로 세로를 □라 하
면 0.14+□=0.42, □=0.28(m)입니다.

 **Jump 1 핵심알기**   58쪽

1 (1) 6.02   (2) 20.4
2 2.58, 6.31   **3** 7.41 kg
4 32.32 kg   **5** 200.01 L

1 (1)
$$\begin{array}{r} 2.37 \\ +3.65 \\ \hline 6.02 \end{array}$$
(2)
$$\begin{array}{r} 7.48 \\ +12.92 \\ \hline 20.4\emptyset \end{array}$$

2
$$\begin{array}{r} 0.76 \\ +1.82 \\ \hline 2.58 \end{array}$$
$$\begin{array}{r} 2.58 \\ +3.73 \\ \hline 6.31 \end{array}$$

3 (야채 가게에서 산 야채의 무게)
=(감자의 무게)+(양파의 무게)
=4.57+2.84
=7.41(kg)

4 (예슬이의 현재 몸무게)=(작년 몸무게)+2.78
=29.54+2.78
=32.32(kg)

5 (학생들이 이틀 동안 마신 우유의 양)
=(어제 마신 우유의 양)+(오늘 마신 우유의 양)
=152.65+47.36
=200.01(L)

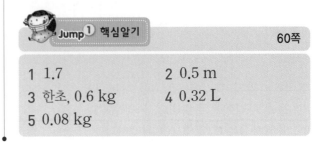 **Jump 2 핵심응용하기**   59쪽

핵심응용 풀이 1.43, 1.84, 1.43, 7.15, 1.84, 9.2,
7.15, 9.2, 16.35
답 16.35 km

확인 1 13.13   **2** 8.79 m
3 79.79

1 1이 6개 ➡ 6, 0.1이 24개 ➡ 2.4,
0.01이 5개 ➡ 0.05이므로
6+2.4+0.05=8.45입니다.
따라서 8.45보다 4.68 큰 수는
8.45+4.68=13.13입니다.

2 (웅이가 가지고 있는 색 테이프의 길이)
=(동민이가 가지고 있는 색 테이프의 길이)
+1.05
=3.87+1.05=4.92(m)
따라서 동민이와 웅이가 가지고 있는 색 테이프의
길이는 3.87+4.92=8.79(m)입니다.

3 40보다 큰 수 중에서 40에 가까운 수
: 41.38, 41.83, …
40보다 작은 수 중에서 40에 가까운 수
: 38.41, 38.14, …
40에 가장 가까운 수는 41.38이고 두 번째로 가
까운 수는 38.41입니다.
따라서 두 수의 합은 41.38+38.41=79.79입
니다.

Jump 1 핵심알기   60쪽

1 1.7   **2** 0.5 m
3 한초, 0.6 kg   **4** 0.32 L
5 0.08 kg

1 0.7<0.9<1.3<1.8<2.4이므로
가장 큰 수는 2.4이고 가장 작은 수는 0.7입니다.
➡ 2.4-0.7=1.7

2 (남은 색 테이프의 길이)
=(색 테이프 전체의 길이)-(사용한 색 테이프
의 길이)
=0.9-(0.2+0.2)
=0.5(m)

3 0.8<1.4이므로 한초가 1.4-0.8=0.6(kg)
더 많이 샀습니다.

4 (남은 물의 양)
=(물병에 들어 있는 물의 양)-(마신 물의 양)
=0.97-0.65
=0.32(L)

5 (남은 쇠고기의 양)
=(사 온 쇠고기의 양)-(구워 먹은 쇠고기의 양)
=0.94-0.86
=0.08(kg)

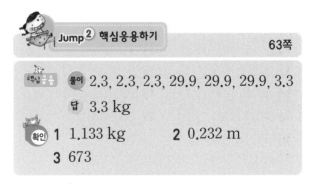
Jump② 핵심응용하기 61쪽

핵심응용 | 풀이 0.72, 0.13, 0.13, 0.13, 0.13,
0.13, 0.13, 0.13, 0.65, 0.65, 0.2

답 0.2 kg

확인 **1** 0.12 m   **2** 0.5
3 0.64 m

1 정삼각형은 세 변의 길이가 모두 같으므로 정삼
각형을 만드는 데 사용한 철사의 길이는
0.28+0.28+0.28=0.84(m)입니다. 따라서
남은 철사의 길이는 0.96-0.84=0.12(m)입
니다.

2 어떤 수를 ☐라 하면 ☐+0.2=0.9,
0.9-0.2=☐, ☐=0.7입니다.
따라서 바르게 계산하면 0.7-0.2=0.5입니다.

3 (수수깡 전체의 길이)=24+24+24=72(cm),
1 m=100 cm이므로 72 cm=0.72 m입니다.

따라서 (묶은 수수깡 전체의 길이)
=0.72-0.03-0.05=0.64(m)입니다.

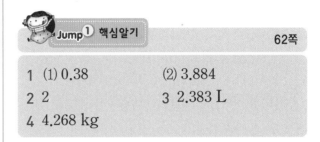
Jump① 핵심알기 62쪽

1 (1) 0.38   (2) 3.884
2 2   **3** 2.383 L
4 4.268 kg

1 (1) 4.72+☐=5.1, 5.1-4.72=☐, ☐=0.38
(2) 7.14-☐=3.256, 7.14-3.256=☐,
☐=3.884

2 ㉠=5+1=6, ㉡=13-9=4
따라서 두 수의 차는 6-4=2입니다.

3 (난로에 남아 있는 석유의 양)
=(처음 난로에 들어 있던 석유의 양)
-(사용한 석유의 양)
=5-2.617=2.383(L)

4 1 kg=1000 g이므로 350 g=0.35 kg입니다.
(귤의 무게)=(귤이 든 바구니의 무게)
-(바구니의 무게)
=4.618-0.35
=4.268(kg)

Jump② 핵심응용하기 63쪽

핵심응용 | 풀이 2.3, 2.3, 2.3, 29.9, 29.9, 29.9, 3.3

답 3.3 kg

확인 **1** 1.133 kg   **2** 0.232 m
3 673

1 녹차 $\frac{1}{4}$의 무게는 2.513-2.168=0.345(kg)
이므로 녹차의 무게는
0.345+0.345+0.345+0.345=1.38(kg)
입니다.

따라서 빈 병의 무게는 2.513−1.38=1.133(kg)입니다.

2

지혜의 키 ├────┤

아버지의 키 ├──── 35.8 cm ────┤

어머니의 키 ├────⊙────┤ 0.126 m

(어머니의 키)−(지혜의 키)=⊙이고

35.8 cm=0.358 m이므로

⊙=0.358−0.126=0.232(m)입니다.

따라서 어머니는 지혜보다 0.232 m 더 큽니다.

3

```
  6 7 3
−   6 7 . 3
─────────
  6 0 5 . 7
```

자연수와 어떤 소수의 차가 605.7이므로 어떤 소수는 소수 한 자리 수이고, 소수 첫째 자리 숫자는 3입니다.

따라서 구하는 자연수는 673입니다.

 Jump³ 왕문제

64~69쪽

---

1 5.54, 5.565	**2** 96개
3 4.1, $4\frac{6}{100}$, $4\frac{15}{1000}$, 3.902, $3\frac{857}{1000}$	
4 3개	**5** ⓒ
6 100개	**7** 3.32 kg
8 63.78 kg	**9** 11.88 m
10 5	**11** 1.76초
12 127.3 km	**13** 4, 4, 4, 7, 4
14 279	**15** 23
16 41.1 kg	**17** 33.923
18 11.18 cm	

---

1 0.025씩 뛰어서 센 것입니다.

5.465 − 5.49 − 5.515 − 5.54 − 5.565

  0.025 0.025 0.025 0.025

2 $1.03=\frac{103}{100}$이고 $2=\frac{200}{100}$이므로

$\frac{103}{100}<\frac{□}{100}<\frac{200}{100}$입니다.

따라서 □ 안에 들어갈 수 있는 자연수는 103보다 크고 200보다 작은 수이므로

(199−104)+1=96(개)입니다.

3 $4\frac{6}{100}=4.06$, $3\frac{857}{1000}=3.857$,

$4\frac{15}{1000}=4.015$

4 (늘어난 용수철의 길이)=131−86=45(cm)

(매단 1 kg짜리 추의 수)=45÷15=3(개)

5 ⓛ, ⓒ, ㉣ 세 수 중에서 가장 큰 수는 ⓒ이므로 가장 큰 수를 찾으려면 ⓐ과 ⓒ을 비교합니다.

ⓐ의 □ 안에 9를 넣고 ⓒ의 □ 안에 0을 넣더라도 90.127보다 90.135가 더 큰 수이므로 가장 큰 수는 ⓒ입니다.

6 일의 자리 숫자가 3, 소수 셋째 자리 숫자가 5인 수 중에서 가장 작은 수는 3.005이고 가장 큰 수는 3.995입니다.

따라서 소수 첫째 자리와 소수 둘째 자리 숫자가 00~99까지인 수이므로 모두 100개입니다.

7 주전자에 부은 물 $\frac{1}{2}$의 무게

: 1.845−0.37=1.475(kg)

물이 가득 찬 주전자의 무게

: 1.845+1.475=3.32(kg)

8 (동생의 몸무게)=(석기의 몸무게)−5.81

     =21.75−5.81=15.94(kg)

(아버지의 몸무게)

=(석기의 몸무게)+(동생의 몸무게)+26.09

=21.75+15.94+26.09=63.78(kg)

9 오른쪽 그림과 같이 생각하면 새로 만든 정사각형 모양 밭은 만들기 전 직사각형 모양 밭보다 둘레가

23.74 m / 17.8 m / 23.74 m / 23.74 m

□+□ m만큼 더 깁니다.

따라서 23.74−17.8=□, □=5.94(m)이므로 □+□=5.94+5.94=11.88(m)만큼 더 깁니다.

10 5.3□9=★, ★+1.763=7.132라고 하면

★＝7.132－1.763＝5.369입니다.

★＋1.763＜7.132이므로 ★은 5.369보다 작아야 합니다. 따라서 ★＝5.3□9의 □ 안에 들어갈 수 있는 숫자는 0, 1, 2, 3, 4, 5이고 이 중에서 가장 큰 숫자는 5입니다.

11 한초가 200 m 달리는 데 걸리는 시간
: 16.08＋16.08＝32.16(초)
석기가 200 m 달리는 데 걸리는 시간
: 8.48＋8.48＋8.48＋8.48＝33.92(초)
따라서 한초가 석기보다
33.92－32.16＝1.76(초) 더 빨리 달립니다.

12 (천안~대구까지의 거리)
＝293.9＋316.4－416＝194.3(km)
(수원~천안까지의 거리)
＝293.9－32.6－194.3＝67(km)
➡ 194.3－67＝127.3(km)

13
$$\begin{array}{r} ⊙ ⓛ.2\,8 \\ -\quad 9.ⓒⓔ\,6 \\ \hline 3\,4.8\,0\,ⓜ \end{array}$$
10－6＝ⓜ ➡ ⓜ＝4,
8－1－ⓔ＝0 ➡ ⓔ＝7,
10＋2－ⓒ＝8 ➡ ⓒ＝4
10＋ⓛ－1－9＝4 ➡ ⓛ＝4,
⊙－1＝3 ➡ ⊙＝4

14 어떤 세 자리 수를 ⊙ⓛⓒ이라 하면 어떤 수의 $\frac{1}{10}$은 ⊙ⓛ.ⓒ이고, 어떤 수의 $\frac{1}{100}$은 ⊙.ⓛⓒ입니다.
$$\begin{array}{r} ⊙ⓛ.ⓒ \\ +\quad ⊙.ⓛⓒ \\ \hline 3\,0.6\,9 \end{array}$$
ⓒ＝9, 9＋ⓛ＝16
➡ ⓛ＝7
7＋1＋⊙＝10 ➡ ⊙＝2

따라서 어떤 세 자리 수는 279입니다.

15 ㉮＋㉯＝13, ㉯＋㉰＝17.4, ㉮＋㉰＝15.6,
2×(㉮＋㉯＋㉰)＝13＋17.4＋15.6＝46이므로 ㉮＋㉯＋㉰＝46÷2＝23

16 $4\frac{9}{10}$ kg은 4.9 kg이므로 예슬이의 몸무게는
37.5－4.9＝32.6(kg)입니다.
8500 g은 8.5 kg이므로 저울은
32.6＋8.5＝41.1(kg)을 나타냅니다.
[별해] (8.5－4.9)＋37.5＝41.1(kg)

17 1이 29개인 수는 29
0.1이 35개인 수는 3.5

0.01이 42개인 수는 0.42
0.001이 98개인 수는 0.098
29＋3.5＋0.42＋0.098＝33.018
따라서 33.018보다 0.905 큰 수는
33.018＋0.905＝33.923입니다.

18 (노란색 테이프의 길이)
＝6.8－1.95＝4.85(cm)
(이어 붙인 전체 색 테이프의 길이)
＝6.8＋4.85－0.47
＝11.65－0.47＝11.18(cm)

Jump④ 왕중왕문제
70~75쪽

1 32.465	**2** 6개
3 4.38	**4** 90개
5 8	**6** 12개
7 0.522	
8 A : 1, B : 8, C : 9, D : 7	
9 12.2 km	**10** 3분 후
11 4.75, 1.26	**12** 33자리 수
13 1.56	**14** 9, 4, 2, 5, 7, 3
15 27.45	
16 (시계 방향으로) 1.1, 0.8, 1, 1.2, 0.6, 0.9, 0.7	
17 52.66	**18** 3.3 kg

1 53.246 ➡ 24.653 ➡ 65.324를 관찰하면 사용된 숫자는 5, 3, 2, 4, 6의 5개이고 앞의 두 숫자를 뒤로 옮긴 것을 찾을 수 있습니다.
따라서 65.324 다음의 수는 32.465입니다.

2 소수 세 자리 수를 0.㉮㉯㉰라고 하면 ㉮, ㉯, ㉰는 모두 다른 숫자이고 ㉮＋㉯＋㉰＝23입니다. 조건을 만족하는 세 개의 숫자를 묶어보면 (6, 8, 9)입니다.
(6, 8, 9)를 가지고 만들 수 있는 수는 0.689, 0.698, 0.869, 0.896, 0.968, 0.986으로 6개입니다.

3 바르게 계산하면
$4.12+4.38+4.35+4.42=17.27$이며
잘못 계산한 결과와의 차는 433.62입니다.
이것은 어떤 소수와 그 수의 소수점을 빠뜨린
수와의 차이므로 이러한 수를 찾아보면
$438-4.38=433.62$이므로 4.38입니다.

4 두 개의 조건을 모두 만족하는 수는 3.42보다
크고 3.52보다 작은 소수 세 자리 수입니다.

3.42 ㉠
3.43 ㉠
3.44 ㉠
⋮
3.51 ㉠

㉠에 들어갈 수는 각각 1~9까지
9개이므로 모두 $9×10=90$(개)입니다.

5 소수점 아래의 숫자는 4, 2, 8, 5, 7, 1의 6개의 숫
자가 반복됩니다. 따라서 $99÷6=16 \cdots 3$이므
로 소수점 아래 99째 자리 숫자는 소수 셋째 자리
숫자 8과 같은 숫자입니다.

6 3개의 숫자를 늘어놓는 방법은 789, 798, 879,
897, 978, 987과 같이 6가지이므로 소수 한 자리
수는 6개, 소수 두 자리 수는 6개를 만들 수 있습
니다. 따라서 만들 수 있는 소수는 모두
$6+6=12$(개)입니다.

7 수직선 ㉮에서 (□-0.3)의 2배는 수직선 ㉯에
서 0.779와 0.335의 차와 같습니다.
(□$-0.3)×2=0.779-0.335=0.444$,
□$-0.3=0.222$, □$=0.222+0.3=0.522$

8
```
    C D C B
  + C A D C
  ─────────
  A B C D D
```
$1+C+D=10+D$,
$C=9$입니다.
$C=9$이므로 $A=1$,
$B=8$, $D=7$

9 각각의 거리를 수직선에 대응시킨 후 문제를 해
결해 보면

(서울역~석계)
= (서울역~종각) + (종각~동대문)
  + (동대문~석계)
= $2.1+2.5+7.6=12.2$(km)

10 40분에 52 km를 달리는 자동차는 1분에
$52000÷40=1300$(m)$=1.3$(km)를 갑니다.
(1분 동안 버스와 자동차의 이동 거리의 합)
$=1.2+1.3=2.5$(km)입니다.
$2.5+2.5+2.5=7.5$(km)이므로 버스와 자동
차는 3분 후에 만납니다.

11 규칙을 먼저 찾습니다.
$\binom{3.14-1.56=1.58}{1.58-1.56=0.02}$에서

네 개의 수를 ①, ②, ③, ④라 할 때,

①	②
③	④

①$-$②$=$③, ③$-$②$=$④임을 알 수 있습니다.

8.24	3.49
③	④

③$=8.24-3.49=4.75$
④$=4.75-3.49=1.26$

12 상자에 123456789를 넣었을 때 나오는 소수의
합은 $1.23+4.56+7.89=13.68$입니다.
$46.83=13.68+13.68+13.68+5.79$이고
$5.79=1.23+4.56$이므로
연산 상자에 넣은 수는 $9+9+9+6=33$(자리
수)입니다.

13 하나의 간격을 ★이라 하면 ㉡$=$㉠$+$★,
㉢$=$㉠$+$★$+$★, ㉣$=$㉠$+$★$+$★$+$★입니다.
따라서, ㉢$+$㉣$=$㉠$+$㉡$+0.48$에서
(㉠$+$★$+$★)$+$(㉠$+$★$+$★$+$★)
$=$㉠$+$(㉠$+$★)$+0.48$이 성립하므로
★$+$★$+$★$+$★$=0.48$, ★$=0.12$입니다.
그러므로, ㉠$=0.28$, ㉡$=0.28+0.12=0.4$,
㉢$=0.4+0.12=0.52$, ㉣$=0.52+0.12=0.64$
입니다.
따라서 ㉡$+$㉢$+$㉣$=0.4+0.52+0.64=1.56$
입니다.

14
```
  □ □ . ㉠
- □ □ . ㉡
─────────
    3 6 . 9
```
$10+㉠-㉡=9$ ➡ ㉠$=4$,
㉡$=5$ 또는 ㉠$=3$, ㉡$=4$
또는 ㉠$=2$, ㉡$=3$이므로

숫자 카드를 □ 안에 넣어 가며 받아내림에 주
의해서 계산합니다.

15 바른 답을 ㉠㉡.㉢㉣이라 하면

```
  ㉠ ㉡ ㉢ ㉣
-
  ㉠ ㉡ ㉢ ㉣
─────────────
  2 7 1 7 . 5 5
```

㉣$=5$, ㉢$=4$, ㉡$=7$,
㉠$=2$입니다.

따라서 ㉠㉡.㉢㉣은 27.45입니다.

16 꼭짓점에 있는 두 소수의 합이 가장 작은 수부터 써 보면 $0.2+0.3=0.5$, $0.1+0.5=0.6$, $0.3+0.4=0.7$, …이므로 각 변의 가운데의 수를 가장 큰 수부터 차례로 써봅니다.
한 변에 있는 세 수의 합은 $0.2+1.2+0.3=1.7$이므로 각 변의 세 수의 합이 1.7이 되도록 차례로 구합니다.

17 $1-0.83=0.17$, $1.17-1=0.17$,
$1.34-1.17=0.17$, ……이므로 0.17씩 커지는 규칙입니다.
(101번째 수)$=0.83+$(0.17의 100배)
$\qquad\qquad=0.83+17=17.83$
(201번째 수)$=0.83+$(0.17의 200배)
$\qquad\qquad=0.83+17+17=34.83$
따라서 101번째 수와 201번째 수의 합은 $17.83+34.83=52.66$입니다.

18 $\frac{4}{5}$의 $\frac{3}{4}$은 전체의 $\frac{3}{5}$입니다.
➡ 물을 마신 후 물은 전체의 $\frac{1}{5}$이 남습니다.
(물 $\frac{3}{5}$의 무게)
$=$(물 $\frac{4}{5}$가 들어 있는 그릇의 무게)
　$-$(물 $\frac{1}{5}$이 들어 있는 그릇의 무게)
$=3.06-2.34=0.72(\text{kg})$
$0.24+0.24+0.24=0.72$이므로 물 $\frac{1}{5}$의 무게는 0.24 kg입니다.
➡ (물이 가득 담긴 그릇의 무게)
$=$(물 $\frac{4}{5}$가 들어 있는 그릇의 무게)
　$+$(물 $\frac{1}{5}$의 무게)
$=3.06+0.24=3.3(\text{kg})$

76쪽

1 102개	2 77째 자리

1 수직선에서 5와 6 사이를 똑같이 4칸으로 나누었으므로 작은 눈금 한 칸의 크기는 0.25입니다.
㉠에 알맞은 수는 5에서 0.25씩 3번 뛰어 센 5.75이고, 5.75보다 크고 6보다 작은 소수 세 자리 수 중에서 소수 둘째 자리 숫자가 소수 셋째 자리 숫자보다 큰 수는 다음과 같습니다.
$5.751\sim5.754$: 4개
$5.761\sim5.765$: 5개
$5.771\sim5.776$: 6개
$5.781\sim5.787$: 7개
$5.791\sim5.798$: 8개
　　　(30개)
5.821 : 1개
$5.831\sim5.832$: 2개
$5.841\sim5.843$: 3개

$5.881\sim5.887$: 7개
$5.891\sim5.898$: 8개
　　　(36개)
5.921 : 1개
$5.931\sim5.932$: 2개
$5.941\sim5.943$: 3개

$5.981\sim5.987$: 7개
$5.991\sim5.998$: 8개
　　　(36개)
따라서 $30+36+36=102$(개)입니다.

2 1부터 49까지 숫자의 수는 1부터 9까지는 1개씩이고 10부터 49까지
$(49-10+1)\times2=80$(개)이므로
0.123456…474849는 소수 89자리 수입니다.
따라서 소수 셋째 자리 숫자는 3이므로 3이 마지막으로 나오는 것은 43의 일의 자리 숫자 3이고 $89-2\times6=77$에서 소수점 아래 77째 자리입니다.

4 사각형

Jump 1 핵심알기   78쪽

| 1 ㉠, ㉣ | 2 직선 라 |
| 3 ③, ④ | 4 풀이 참조 |

1 두 변이 서로 직각을 이루고 있는 도형은 ㉠, ㉣입니다.

2 직선 마와 만나서 이루는 각이 직각인 직선은 직선 라입니다.

3 수직인 직선을 그릴 때에는 직각삼각자의 직각 부분을 이용합니다.

4
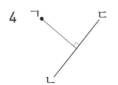

Jump 2 핵심응용하기   79쪽

핵심응용 풀이 직각, 수직, 수선, ㄱㅂ, ㄹㅅ, ㄱㄷ, 3, 상연

답 상연

확인 1 3개   2 65°
3 75°

1 변 ㄹㄷ과 직각을 이루고 있는 것은 변 ㄱㄹ, 선분 ㅁㅇ, 변 ㄴㄷ입니다.

2
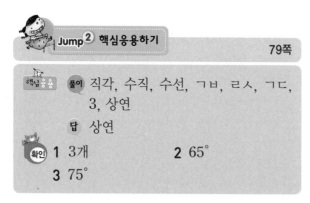

직선 가와 나는 서로 수직이므로 직선 가와 나가 만나서 이루는 각은 직각입니다.

㉠=90°−50°=40°, ㉡=90°−65°=25°입니다.
따라서 ㉠과 ㉡의 합은 40°+25°=65°입니다.

3 (각 ㄱㄴㅁ)=90°−45°=45°
(각 ㄱㅁㄴ)=180°−90°−45°=45°
㉮=180°−45°−60°=75°

Jump 1 핵심알기   80쪽

1 직선 다	2 직선 나
3 ㉠, ㉡	4 풀이 참조
5 풀이 참조	

1 아무리 늘여도 직선 가와 만나지 않는 직선은 직선 다입니다.

2 아무리 늘여도 직선 라와 만나지 않는 직선은 직선 나입니다.

4 예
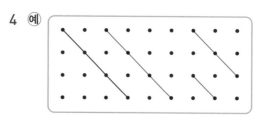

5

Jump 2 핵심응용하기   81쪽

핵심응용 풀이 ㅅㅂ, ㄹㅁ, ㄴㄷ, ㄹㅁ, ㄴㄷ, ㄴㄷ, ㅂㅁ, ㄹㄷ, ㄹㄷ, 3, 2, 1, 2, 1, 9

답 9쌍

확인 1 4쌍   2 H, N, Z
3 18쌍

1 직선 가와 나, 직선 가와 다, 직선 나와 다, 직선 마와 바 ➡ 4쌍

2 평행한 두 직선이 있는 알파벳을 찾아보면 H, N, Z입니다.

3 선분 ㄱㄴ과 평행 ➡ 선분 ㄹㄷ, 선분 ㅇㅅ, 선분 ㅁㅂ
선분 ㄹㄷ과 평행 ➡ 선분 ㅇㅅ, 선분 ㅁㅂ ⎫6쌍
선분 ㅇㅅ과 평행 ➡ 선분 ㅁㅂ ⎭
모두 3방향이므로 6×3=18(쌍)입니다.

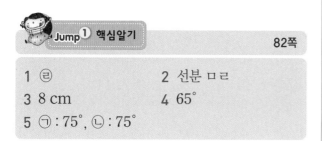

Jump ① 핵심알기　　　　82쪽

1 ㄹ	**2** 선분 ㅁㄹ
3 8 cm	**4** 65°
5 ㉠ : 75°, ㉡ : 75°	

1 평행선 사이의 거리는 평행선 사이의 수선의 길이이므로 ㄹ입니다.

2 선분 ㄱㅁ과 선분 ㄷㄹ이 서로 평행하므로 평행선 사이의 거리는 선분 ㅁㄹ입니다.

3 평행선 사이의 거리는 평행선 사이의 수선의 길이이므로 8 cm입니다.

4 (각 ㅈㅊㅋ)=180°−120°=60°이므로
(각 ㅊㅈㅋ)=180°−(60°+55°)=65°입니다.

5 평행선과 한 직선이 만날 때 생기는 같은 쪽의 각의 크기는 같으므로 ㉠=75°이고 평행선과 한 직선이 만날 때 생기는 반대쪽의 각의 크기도 같으므로 ㉡=75°입니다.

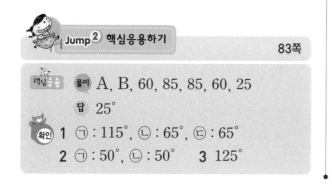

Jump ② 핵심응용하기　　　　83쪽

핵심응용 **풀이** A, B, 60, 85, 85, 60, 25
　　　답 25°

확인 **1** ㉠ : 115°, ㉡ : 65°, ㉢ : 65°
　　　2 ㉠ : 50°, ㉡ : 50°　**3** 125°

1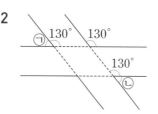

가　　나　　다

그림에서 ㉢은 65°와 같은 쪽에 있고 ㉡은 ㉢과 반대쪽에 있으므로 ㉡과 ㉢은 65°입니다.
㉤=65°이므로 ㉠=180°−65°=115°입니다.

2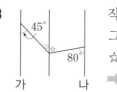

평행선과 한 직선이 만날 때 생기는 같은 쪽의 각의 크기는 같으므로
㉠=180°−130°=50°,
㉡=180°−130°=50°입니다.

3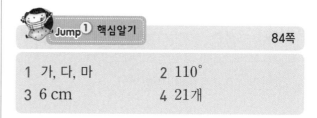

가　　　　나

직선 가와 나 사이에 평행선을 그어 보면 ○=45°이고, ☆=80°입니다.
➡ ㉤=○+☆
　　=45°+80°=125°

Jump ① 핵심알기　　　　84쪽

1 가, 다, 마	**2** 110°
3 6 cm	**4** 21개

2 사각형의 네 각의 합은 360°입니다.
따라서 (각 ㄹㄱㄴ)=360°−(70°+90°+90°)
　　　　　　　　　　=110°입니다.

3 선분 ㄴㅁ의 길이는 선분 ㄱㄹ의 길이와 같아집니다.

4 사다리꼴 1개짜리 : 6개, 사다리꼴 2개짜리 : 5개, 사다리꼴 3개짜리 : 4개, 사다리꼴 4개짜리 : 3개, 사다리꼴 5개짜리 : 2개, 사다리꼴 6개짜리 : 1개
➡ 6+5+4+3+2+1=21(개)

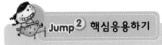 **Jump② 핵심응용하기** 85쪽

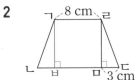 **풀이** 180, 180, 130, 50, 40, 40, 50, 50, 50, 100

답 100°

확인 1 128°   2 14 cm

3 35 cm

1 평행선과 한 직선이 만날 때 생기는 반대쪽 각의 크기는 같으므로
(각 ㄹㄱㄷ)=(각 ㄱㄷㄴ)=26°입니다.
삼각형 ㄹㄱㄷ은 이등변삼각형이므로
(각 ㄹㄱㄷ)=(각 ㄹㄷㄱ)=26°입니다.
➡ ㉠=180°−26°−26°=128°

2
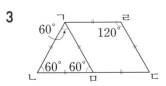

그림과 같이 점 ㅂ을 정하면 (변 ㄴㅂ)=3 cm,
(변 ㅂㅁ)=(변 ㄱㄹ)=8 cm이므로 변 ㄴㄷ의
길이는 3+8+3=14(cm)입니다.

3
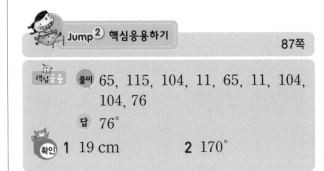

(선분 ㄱㄴ)=(선분 ㄴㅁ)=(선분 ㅁㄷ)=(선분
ㄷㄹ)=(선분 ㄹㄱ)=7 cm이므로 사다리꼴 ㄱ
ㄴㄷㄹ의 둘레는 7 cm의 5배입니다.
따라서 7×5=35(cm)입니다.

 Jump① 핵심알기 86쪽

1 (1) 125, 8   (2) 150, 11
2 (1) 110°   (2) 25 cm
3 58°   4 108°

2 (1) (각 ㄴㄷㄹ)=180°−70°=110°
  (2) (변 ㄴㄷ)=80÷2−15=25(cm)

3 평행사변형은 이웃하는 두 각의 합이 180°이므
로 각 ㄱㄷㄹ은 180°−(64°+58°)=58°입니
다.

4 (각 ㄱㄴㄷ)=180°−72°=108°입니다.
평행사변형은 마주 보는 두 각의 크기가 같으므
로 (각 ㄱㄹㄷ)=(각 ㄱㄴㄷ)=108°입니다.

Jump② 핵심응용하기 87쪽

풀이 65, 115, 104, 11, 65, 11, 104, 104, 76

답 76°

확인 1 19 cm   2 170°

1 변 ㄱㄴ과 선분 ㄹㅁ은 서로 평행하므로 사각형
ㄱㄴㅁㄹ은 평행사변형입니다.
(변 ㄱㄹ)=(변 ㄴㅁ)=7 cm이므로
(변 ㅁㄷ)=12−7=5(cm)이고
(변 ㄹㅁ)=(변 ㄱㄴ)=6 cm입니다.
따라서 삼각형 ㄹㅁㄷ의 둘레는
6+5+8=19(cm)입니다.

2 (각 ㅇㄴㄷ)=62°이므로
(각 ㄷㅇㄴ)=180°−62°−24°=94°입니다.
➡ ㉠=180°−94°=86°
(각 ㄴㄷㄹ)=180°−62°=118°이므로
(각 ㅈㄷㄹ)=118°−24°−60°=34°,
(각 ㄹㅈㄷ)=180°−34°−62°=84°입니다.
➡ ㉡=(각 ㄹㅈㄷ)=84°
따라서 ㉠+㉡=86°+84°=170°입니다.

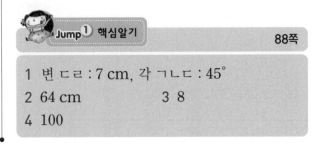 **Jump① 핵심알기** 88쪽

1 변 ㄷㄹ:7 cm, 각 ㄱㄴㄷ:45°
2 64 cm   3 8
4 100

26   수학 4-2

1 마름모는 네 변의 길이가 모두 같고 이웃하는
두 각의 합이 180°입니다.
(각 ㄱㄴㄷ)＝180°−135°＝45°

2 16×4＝64(cm)

3 사각형 ㄱㄴㅂㅁ이 마름모이므로
(변 ㄱㄴ)＝(변 ㄴㅂ)＝7 cm입니다.
따라서 (변 ㅂㄷ)＝15−7＝8(cm)입니다.

4 마름모는 마주 보는 각의 크기가 같으므로
(각 ㄴㄱㄹ)＝(각 ㄴㄷㄹ)＝80°입니다.
따라서 □＝180°−80°＝100°입니다.

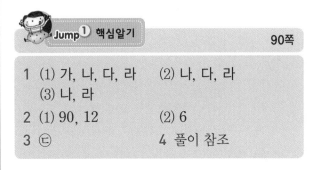

Jump② 핵심응용하기 89쪽

핵심응용 풀이 120, 120, 30
답 30°
확인 1 8 cm   2 28 cm
3 42 cm

1 평행사변형을 만드는 데 사용한 철사의 길이는
(6＋10)×2＝32(cm)입니다.
마름모는 네 변의 길이가 모두 같습니다.
따라서 만들 수 있는 가장 큰 마름모의 한 변의
길이는 32÷4＝8(cm)입니다.

2 오른쪽 그림과 같이 마름모를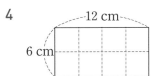
만들 수 있으므로
두 대각선의 길이의 합은
(6×2)＋(8×2)
＝28(cm)입니다.

3 변 ㄱㅂ과 변 ㅁㅂ의 길이가 같고 사각형 ㅁㅂ
ㄷㄹ은 마름모이므로 (변 ㄱㅂ)＝(변 ㅁㅂ)＝
(변 ㅁㄹ)＝(변 ㄹㄷ)＝(변 ㄷㅂ)＝6 cm입니다.
사각형 ㄱㄴㄷㄹ은 평행사변형이므로
(변 ㄱㄴ)＝(변 ㄹㄷ)＝6 cm이고, 삼각형 ㅁㅂ
ㄹ은 (변 ㅁㅂ)＝(변 ㅁㄹ)이므로
(각 ㅁㅂㄹ)＝(각 ㅁㄹㅂ)＝(180°−60°)÷2
＝60°입니다.

삼각형 ㅁㅂㄹ은 세 각의 크기가 모두 60°로 같
으므로 정삼각형이고 (변 ㅂㄹ)＝6 cm이므로
(변 ㄱㄹ)＝(변 ㄴㄷ)＝6＋6＝12(cm)입니다.
따라서 도형 ㄱㄴㄷㄹㅁㅂ의 둘레는
6＋6＋12＋6＋6＋6＝42(cm)입니다.

Jump① 핵심알기 90쪽

1 (1) 가, 나, 다, 라   (2) 나, 다, 라
(3) 나, 라
2 (1) 90, 12   (2) 6
3 ㉢   4 풀이 참조

2 (1) 직사각형이므로 네 각이 모두 직각이고 마주
보는 두 쌍의 변의 길이가 서로 같습니다.
(2) 정사각형이므로 네 변의 길이가 모두 같습
니다.

3 ㉢ 직사각형은 네 변의 길이가 같지 않은 것도
있으므로 마름모가 아닙니다.

4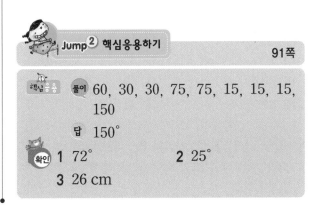

한변이 3 cm인 정사각형이 가로로
12÷3＝4(개), 세로로 6÷3＝2(개) 만들어집
니다.

Jump② 핵심응용하기 91쪽

핵심응용 풀이 60, 30, 30, 75, 75, 15, 15, 15,
150
답 150°
확인 1 72°   2 25°
3 26 cm

4. 사각형 **27**

1 접은 것을 다시 펼쳐서 생각하면,

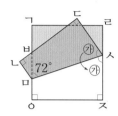

㉮=(각 ㅁㅅㅈ)이고 평행선과 한 직선이 만났을 때 생기는 반대쪽의 각의 크기는 같으므로 ㉮는 72° 입니다.

2

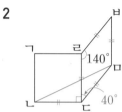

삼각형 ㅁㄴㄷ은 이등변삼각형이고 각 ㄴㄷㅁ 은 $90°+(180°-140°)=130°$이므로
(각 ㅁㄴㄷ)=$(180°-130°)\div2=25°$입니다.

3 평행사변형은 마주 보는 두 변의 길이가 같고 정사각형과 마름모는 네 변의 길이가 모두 같으므로 둘레는 $3+4+3+3+3+3+3+4=26$ (cm)입니다.

2

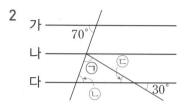

삼각형 세 각의 합은 180°이고 직선 가, 나, 다 는 서로 평행하므로
㉡=70°이고 ㉢=30°입니다.
따라서 ㉠=$180°-(70°+30°)=80°$입니다.

3 선분 ㄱㄴ과 선분 ㅁㄷ은 평행하고 평행선과 한 직선이 만날 때 생기는 같은 쪽의 각의 크기는 같으므로 (각 ㄱㄴㄷ)=(각 ㅁㄷㄹ)=65°입니다.
따라서 (각 ㄷㅁㄹ)=$180°-(60°+65°)=55°$ 입니다.

4

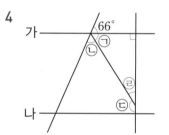

㉠과 ㉡이 같으므로
㉠=$(180°-66°)\div2=57°$입니다.
삼각형 세 각의 크기의 합은 180°이므로
㉣=$180°-90°-57°=33°$입니다.
따라서 ㉢=$180°-33°=147°$입니다.

5 평행선과 한 직선이 만날 때 생기는 같은 쪽의 각의 크기는 같으므로
(각 ㅁㅎㅊ)=(각 ㄷㅍㅎ)=(각 ㅋㅌㅍ)=56° 입니다.
따라서 (각 ㅌㅋㅍ)=$180°-90°-$(각 ㅋㅌㅍ)
$=180°-90°-56°$
$=34°$입니다.

6

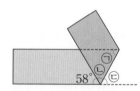

$58°+$㉡$+$㉢$=180°$이므로
㉡$+$㉢$=180°-58°=122°$입니다.
종이 테이프를 접어서 생긴 ㉡과 ㉢의 각도가 같으므로 ㉢$=122\div2=61°$입니다.
따라서 평행선과 한 직선이 만날 때 생기는 반

Jump**3** 왕문제

92~97쪽

1 5쌍	**2** 80°
3 55°	**4** 147°
5 34°	**6** 61°
7 116°	**8** 80°
9 14 cm	**10** ㉠ : 115°, ㉡ : 65°
11 13개	**12** 75°
13 136°	**14** 45°
15 90개	**16** ④, ⑤, ⑥
17 39개	**18** 115°

1 직선 나와 다, 직선 나와 라, 직선 다와 라, 직선 마와 사, 직선 바와 아가 서로 평행하므로 모두 5쌍입니다.

대쪽의 각(엇각)의 크기가 같으므로 ㉠은 61°입니다.

7 각 ㅁㅇㅅ의 각도는 128°이므로
(각 ㅁㅂㅅ)=128°÷2=64°,
(각 ㅂㅅㅇ)=180°−128°=52°
따라서 (각 ㅇㅁㅂ)=360°−(64°+128°+52°)
=116°입니다.

8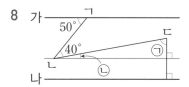

위 그림과 같이 직선 가, 나에 평행한 직선을 1개 그으면 평행선과 한 직선이 만날 때 생기는 반대쪽 각의 크기는 같으므로
㉡=50°−40°=10°
㉠=180°−(90°+10°)=80°입니다.

9 점 ㅁ에서 직선 가와 나에 수선을 그으면
(각 ㄷㅁㄹ)
=180°−(90°+45°)
=45°
(각 ㄱㅁㄴ)
=180°−(45°+90°)=45°
(각 ㄴㄱㅁ)=180°−(45°+90°)=45°
따라서 삼각형 ㄴㄱㅁ과 ㅁㄷㄹ은 이등변삼각형이고 (선분 ㄱㄴ)=(선분 ㄴㅁ),
(선분 ㄷㄹ)=(선분 ㅁㄹ)이므로
직선 가와 나 사이의 거리는 7+7=14(cm)입니다.

10 평행선과 한 직선이 만날 때 생기는 같은 쪽의 각끼리 또는 반대쪽의 각의 크기는 서로 같으므로
㉡+55°=120°, ㉡=120°−55°=65°,
㉠=180°−65°=115°입니다.

11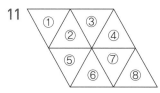

도형 2개로 된 평행사변형 :
(①, ②), (②, ③), (③, ④), (②, ⑤), (④, ⑦), (⑤, ⑥), (⑥, ⑦), (⑦, ⑧) ➡ 8개

도형 4개로 된 평행사변형 :
(①, ②, ③, ④), (⑤, ⑥, ⑦, ⑧), (①, ②, ⑤, ⑥), (③, ④, ⑦, ⑧) ➡ 4개
도형 8개로 된 평행사변형 : 1개
따라서 평행사변형은 모두 8+4+1=13(개)입니다.

12 평행사변형에서 이웃하는 두 각의 합이 180°이므로 (각 ㄹㅇㄴ)=180°−105°=75°입니다.
➡ ㉠=180°−75°=105°
평행사변형에서 마주 보는 각은 크기가 같으므로 (각 ㅁㄴㅇ)=105°이고
(각 ㅇㄴㄷ)=180°−105°=75°입니다.
삼각형 ㄱㄴㄷ은 이등변삼각형이므로
(각 ㄱㄷㄴ)=75°입니다. ➡ ㉡=30°
따라서 ㉠과 ㉡의 차는 105°−30°=75°입니다.

13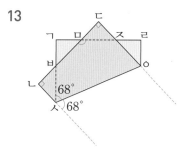

(각 ㄴㅅㅂ)=180°−(68°×2)=44°,
(각 ㄴㅂㅅ)=180°−90°−44°=46°
(각 ㄴㅂㅅ)=(각 ㄱㅂㅁ)=46°,
(각 ㄱㅁㅂ)=180°−90°−46°=44°
따라서 (각 ㅂㅁㅈ)=180°−44°=136°입니다.

14 (각 ㄷㄹㅁ)=158°−90°=68°
삼각형 ㄹㄷㅁ은 변 ㅁㄷ과 변 ㄹㄷ의 길이가 같은 이등변삼각형이므로
(각 ㄹㅁㄷ)=68°입니다.
(각 ㄹㄷㅁ)=180°−(68°×2)=44°,
(각 ㄴㄷㅁ)=90°+44°=134°
(각 ㄷㅁㅂ)=(180°−134°)÷2=23°,
(각 ㄹㅁㅂ)=68°−23°=45°

15 1개짜리 : 15개, 2개짜리 : 22개
3개짜리 : 14개, 4개짜리 : 14개
5개짜리 : 3개, 6개짜리 : 10개,
8개짜리 : 4개, 9개짜리 : 3개, 10개짜리 : 2개,
12개짜리 : 2개, 15개짜리 : 1개
따라서 15+22+14+14+3+10+4+3+2+2+1=90(개)입니다.

별해 가로 한 줄에서 찾을 수 있는 사각형은
$1+2+3+4+5=15$(개),
세로 한 줄에서 찾을 수 있는 사각형은
$1+2+3=6$(개)이므로
$15\times6=90$(개)입니다.

16 직사각형을 두 번 접어 자르면 네 변의 길이가
같은 마름모가 만들어집니다.
마름모는 평행사변형, 사다리꼴이라고 할 수 있
습니다.

17

이루어진 도형의 개수(개)	2	8	합계
마름모의 개수	30	9	39

별해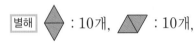

➡ $10\times3+3\times3=39$(개)

18 평행사변형은 마주 보는 각의 크기가 같고 이웃
하는 두 각의 합은 $180°$입니다.
(각 ㄴㄱㅁ)=(각 ㄴㄷㄹ)=$180°-50°=130°$
(각 ㄴㄷㅁ)=$130°÷2=65°$
(각 ㄱㅁㄷ)=$360°-(50°+65°+130°)$
$=115°$
별해 (각 ㄴㄷㄹ)=$180°-50°=130°$,
(각 ㅁㄷㄹ)=$130°÷2=65°$
(각 ㅁㄹㄷ)=$50°$,
(각 ㄱㅁㄷ)=$50°+65°=115°$

Jump④ 왕중왕문제　　　　98~103쪽

1	$128°$	2	$26°$
3	$64°$	4	$120°$
5	$180°$	6	$46°$
7	$50°$	8	$8°$
9	$70°$	10	$80°$
11	65개	12	30개
13	24개	14	$50°$
15	30개	16	$30°$
17	$42°$	18	$72°$

1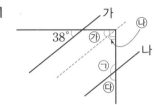

직선 가와 나 사이에 두 직선에 평행한 보조선을
그으면 평행선과 한 직선이 만날 때 생기는 같
은 쪽의 각(동위각)의 크기가 같으므로
㉮=$38°$입니다.
이때 ㉯=$90°-$㉮$=90°-38°=52°$이므로
㉰도 $52°$입니다.
따라서 ㉠=$180°-52°=128°$입니다.

2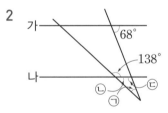

(각 ㉡)=$180°-138°=42°$
(각 ㉢)=$180°-68°=112°$
따라서 (각 ㉠)=$180°-42°-112°=26°$입니다.

3 삼각형 ㄱㄴㄷ은 이등변삼각형이므로 각 ㄱㄷ
ㄴ은 $26°$입니다.
(각 ㄱㄴㄷ)=$180°-26°-26°=128°$이므로
(각 ㄹㄴㄷ)=$180°-128°=52°$입니다.
삼각형 ㄴㄷㄹ은 이등변삼각형이므로
(각 ㄴㄷㄹ)=(각 ㄴㄹㄷ)=$(180°-52°)÷2$
$=64°$입니다.
따라서 ㉠의 각도는 각 ㄴㄷㄹ과 서로 반대쪽의
각(엇각)으로 $64°$입니다.

4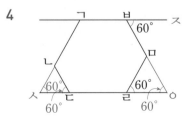

선분 ㄱㄴ과 선분 ㅁㄹ은 평행하므로
(각 ㄴㅅㄷ)=(각 ㅁㅇㅇ)=60°,
선분 ㄱㅂ과 선분 ㄷㄹ은 평행하므로
(각 ㅁㅂㅈ)=(각 ㅁㅇㄹ)=60°,
선분 ㄴㄷ과 선분 ㅂㅁ은 평행하므로
(각 ㄴㄷㅅ)=(각 ㅁㅇㄹ)=60°입니다.
따라서 (각 ㅅㄴㄷ)=60°이므로
(각 ㄱㄴㄷ)=180°−60°=120°입니다.

5 오른쪽 그림과 같이
직선 가와 나에 평행
한 두 직선을 그으면
㉠=㉢, ㉡=㉣입니다.
그은 두 직선은 서로
평행하므로
㉠+㉡+㉢+㉣=㉢+㉡+㉣+㉤=180°입니다.

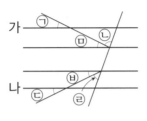

6

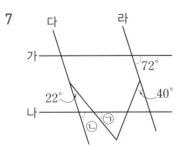

직선 가와 나에 평행한 직선을 그으면 ㉠=20°,
㉡+㉢=68°이므로 각 ㄱㄹㄷ의 크기는
㉠+㉡+㉢=20°+68°=88°입니다.
각 ㄱㄹㄴ의 크기는 ㉠+㉡=3×㉢이므로
㉢=88°÷4=22°입니다.
따라서 각 ㄹㄴㄷ의 크기는 ㉡과 같으므로
68°−22°=46°입니다.

7

직선 가와 나, 직선 다와 라가 평행하기 때문에
(각 ㉡)=72°입니다.
(각 ㉠)=72°−22°=50°입니다.

8 (각 ㉠)=180°−128°=52°
삼각형 ㅁㄷㄹ은 이등변삼각형이고,
(각 ㅁㄷㄹ)=(각 ㄱㅁㄷ)=68°이므로

(각 ㉡)=180°−68°−68°=44°입니다.
따라서 ㉠과 ㉡의 각도의 차는 52°−44°=8°
입니다.

9

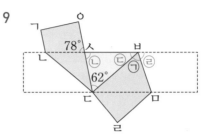

(각 ㅇㅅㄴ)=(각 ㄷㅅㅂ)이므로 ㉡=78°입니다.
삼각형 세 각의 크기의 합은 180°이므로
㉢=180°−78°−62°=40°입니다.
접은 종이 테이프를 펼치면 꼭 맞게 포개어지므
로 ㉣=㉠입니다.
따라서 ㉠=(180°−40°)÷2=70°입니다.

10

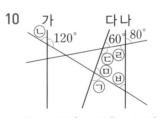

㉢=180°−60°=120°
㉣=80°
㉤=㉡=180°−120°=60°
㉤=360°−120°−80°−60°=100°
따라서 ㉠=180°−100°=80°입니다.

11

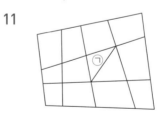

〈㉠을 변으로 포함하지 않은 사각형〉

사각형 1개짜리 : 12개, 사각형 2개짜리 : 17개,
사각형 3개짜리 : 10개, 사각형 4개짜리 : 9개,
사각형 6개짜리 : 7개, 사각형 8개짜리 : 2개,
사각형 9개짜리 : 2개, 사각형 12개짜리 : 1개

〈㉠을 변으로 포함하는 사각형〉

삼각형 1개와 사각형 1개짜리 : 4개,
삼각형 1개와 사각형 2개짜리 : 1개
➡ 12+17+10+9+7+2+2+1+4+1
=65(개)

별해 ㉠을 변으로 포함하지 않은 사각형의 개수는
$(1+2+3+4) \times (1+2+3) = 60$(개),
㉠을 변으로 포함하는 사각형은 5개, 따라
서 $60+5=65$(개)

12  사다리꼴 ㄱㄴㄷㄹ에서 선분
ㄱㄴ의 연장선과 선분 ㄷㄹ의
연장선이 만나는 점을 점 ㅁ이
라고 하면 삼각형 ㅁㄴㄷ은 이
등변삼각형입니다. 원의 중심
각은 360°이므로

$360 \div 12 = 30$(개)를 이어 붙이면 겹치는 부분이
없이 붙일 수 있습니다.

13
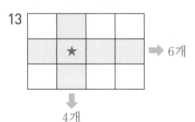

가로 부분에서 찾을 수 있는 개수는 6개, 세로
부분에서 찾을 수 있는 개수는 4개이므로 모두
$6 \times 4 = 24$(개)를 찾을 수 있습니다.

14 (각 ㅁㅂㅅ)$=180°-140°=40°$,
(각 ㅁㅂㄱ)$=$(각 ㅅㅂㄴ)이므로
㉠$=(180°-40°) \div 2 = 70°$입니다.
(각 ㅂㅁㅇ)$=140°$, (각 ㄱㅁㅂ)$=$(각 ㄹㅁㅇ)
이므로 ㉡$=(180°-140°) \div 2 = 20°$입니다.
➡ ㉠$-$㉡$=70°-20°=50°$

15 도형 1개로 이루어진 사다리꼴은 7개
도형 2개로 이루어진 사다리꼴은 10개
도형 3개로 이루어진 사다리꼴은 4개
도형 4개로 이루어진 사다리꼴은 4개 } 30개
도형 6개로 이루어진 사다리꼴은 4개
도형 9개로 이루어진 사다리꼴은 1개

16
사각형 ㅁㅂㅅㅇ은
마름모이므로 변 ㅂ
ㅁ과 변 ㅅㅇ이 평
행하므로

(각 ㅂㅈㅍ)$=$(각 ㅅㅇㅍ)이고, 사각형 ㄱㄴㄷㄹ
은 직사각형이므로 변 ㄱㄹ과 변 ㄴㄷ이 평행하
므로 (각 ㄹㅈㅍ)$=$(각 ㄷㅌㅍ)입니다.

따라서 (각 ㅅㅌㄷ)$=$(각 ㅂㅈㅊ)$=150°$이므로
(각 ㅅㅌㄴ)$=180°-150°=30°$입니다.
따라서 삼각형 ㅋㅅㅌ에서
㉠$=180°-120°-30°=30°$입니다.

17
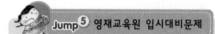
㉺$=(360°-72°-72°) \div 2$
  $=108°$
㉢$=(180°-96°) \div 2 = 42°$
㉡$=180°-(42°+72°)$
  $=66°$
㉣$=180°-66° \times 2 = 48°$
㉠$=180°-(108°+48°)=24°$
따라서 ㉡$-$㉠$=66°-24°=42°$입니다.

18

사각형 ㄱㄴㄷㄹ은 변 ㄱㄴ과 변 ㄹㄷ의 길이가
같은 사다리꼴이므로 (각 ㄱㄴㄷ)$=$(각 ㄹㄷㄴ)
이고 삼각형 ㄹㄴㄷ에서
$2 \times ● + 3 \times ● + 90° = 180°$, $5 \times ● = 90°$,
$● = 90° \div 5 = 18°$입니다.
따라서 (각 ㄹㄱㄴ)$=$(각 ㄱㄹㄷ)
$=2 \times ● + 90° = 2 \times 18° + 90° = 126°$,
(각 ㄴㄷㄹ)$=$(각 ㄱㄴㄷ)
$=3 \times ● = 3 \times 18° = 54°$입니다.
따라서 (각 ㄹㄱㄴ)$-$(각 ㄴㄷㄹ)
$=126°-54°=72°$입니다.

Jump **5** 영재교육원 입시대비문제   104쪽

1 (1) 풀이 참조 (2) ㉠

1 (1)
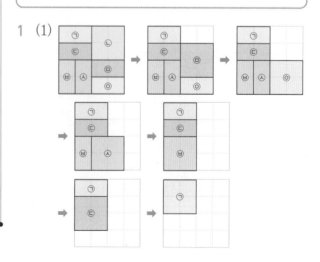

5 꺾은선그래프

1 월평균 기온
2 가로 : 월, 세로 : 기온
3 例 • 가로에는 월을 나타내고 세로에는 기온을 나타냈습니다.
     • 눈금의 크기가 같습니다.
4 例 • 막대그래프는 막대로 나타냈고, 꺾은선그래프는 선으로 나타냈습니다.
     • 기온이 가장 많이 변한 월을 알아볼 때 막대그래프는 막대의 길이의 차가 가장 긴 것을 찾고, 꺾은선그래프는 가장 많이 기울어진 곳을 찾습니다.
5 꺾은선그래프

1 그래프의 제목을 보면 무엇을 나타낸 그래프인지 알 수 있습니다.

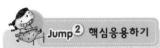

 풀이 3, 4, 0.2, 1.4, 2.2, 2.2, 1.4, 0.8
      답 오후 3시와 4시 사이, 0.8 L
 1 24만 개   2 오후 1시, 10℃

1 세로 눈금 한 칸은 $10 \div 5 = 2$(만 개)를 나타냅니다. 장난감 자동차 생산량이 가장 많았을 때는 2014년 42만 개이고 가장 적었을 때는 2016년 18만 개입니다. ➡ $42 - 18 = 24$(만 개)

2 세로 눈금 한 칸은 $10 \div 5 = 2$(℃)를 나타냅니다. 같은 시각의 두 점이 가장 많이 떨어져 있는 때는 오후 1시이고 그때 두 점 사이의 눈금이 5칸이므로 온도 차는 10 ℃입니다.

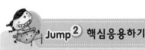

1 나 그래프   2 4 cm
3 0.2 cm   4 7월

1 세로 눈금 한 칸의 크기를 작게 하여 필요 없는 부분을 ≈(물결선)으로 줄여서 나타낸 나 그래프가 변화하는 모습을 알아보기에 편리합니다.

2 0 cm부터 20 cm까지 5칸으로 나누어져 있으므로 작은 눈금 한 칸의 크기는 4 cm입니다.

3 136 cm부터 137 cm까지 5칸으로 나누어져 있으므로 작은 눈금 한 칸의 크기는 0.2 cm입니다.

4 나 그래프에서 기울기의 변화가 7월 1일과 8월 1일 사이에 가장 크므로 7월에 가장 많이 자랐습니다.

핵심응용 풀이 0.2, 30.4, 30, 30.4, 30, 0.4, 30.4, 0.2, 30.2
      답 약 30.2 kg
확인 1 2016년, 3600명   2 3번

1 전년도에 비해 인구의 변화가 가장 심한 때는 2016년입니다. 세로 눈금 한 칸은 $2000 \div 5 = 400$(명)을 나타내므로 2015년의 인구는 7600명이고 2016년의 인구는 11200명입니다.
   ➡ $11200 - 7600 = 3600$(명)

2 세로 눈금 한 칸은 20 kg을 나타냅니다.

연도	2014	2015	2016	2017	2018
인삼 생산량(kg)	320	340	380	440	400

1 가로 : 학년, 세로 : 몸무게
2 1 kg   3 풀이 참조

1 꺾은선그래프의 세로는 변화하는 양을 나타냅니다.

2 한초의 몸무게의 변화를 보면 일의 자리 숫자들이 커지므로 세로 눈금 한 칸의 크기는 1 kg으로 하는 것이 좋습니다.

3

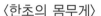

〈한초의 몸무게〉

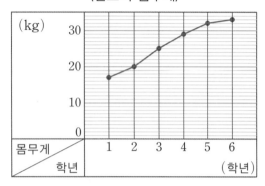

2 수온의 선분이 기온의 선분보다 위에 있을 때는 3월과 4월입니다.

3 기온과 수온을 나타내는 두 점 사이의 거리가 가장 먼 때는 8월로 30－19＝11(℃)입니다.

4 기온은 10 ℃부터 30 ℃까지 올라갔고, 수온은 14 ℃부터 19 ℃까지 올라갔으므로 온도의 변화가 더 심한 것은 기온입니다.

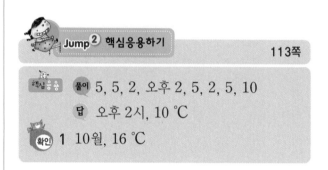

Jump② 핵심응용하기   113쪽

> 풀이 5, 5, 2, 오후 2, 5, 2, 5, 10
>
> 답 오후 2시, 10 ℃
>
> 확인 **1** 10월, 16 ℃

1 0 ℃와 10 ℃ 사이가 세로의 눈금 5칸으로 나누어져 있으므로 세로의 눈금 한 칸의 크기는 10÷5＝2(℃)입니다. 두 도시의 기온 차가 가장 클 때는 같은 달에 찍힌 두 점이 가장 많이 떨어져 있는 10월입니다. 이때의 두 점 사이의 눈금이 8칸이므로 기온 차는 2×8＝16(℃)입니다.

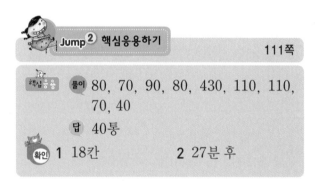

Jump② 핵심응용하기   111쪽

> 풀이 80, 70, 90, 80, 430, 110, 110, 70, 40
>
> 답 40통
>
> 확인 **1** 18칸   **2** 27분 후

1 17－8＝9(cm) 줄었고, 세로 눈금 2칸이 1 cm이므로 2×9＝18(칸) 차이가 납니다.

2 수조에 10분 동안 30 L의 물을 넣었으므로 수도에서는 1분 동안 30÷10＝3(L)의 물이 나옵니다. 66÷3＝22(분)이고 중간에 5분 동안 수도를 잠갔으므로 수조에 물이 가득 찰 때는 물을 넣기 시작한 지 22＋5＝27(분) 후입니다.

Jump③ 왕문제   114~119쪽

1 10살과 11살 사이	**2** 약 37.2 ℃
3 0.8 L	**4** 87750원
5 28 km	
6 92, 94, 78, 90, 87 / 풀이 참조	
7 2분과 3분 사이	**8** 12 L
9 2 mm	
10 오후 1시~오후 3시, 오후 3시~오후 4시	
11 풀이 참조	**12** 약 5℃
13 2016년, 1400000원	
14 3번	**15** 90분
16 기온	**17** 8월 1일, 13.5℃
18 10월 1일	**19** 풀이 참조
20 62 cm	**21** 12살

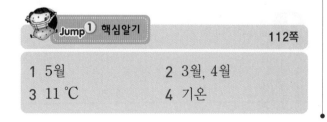

Jump① 핵심알기   112쪽

1 5월	**2** 3월, 4월
3 11 ℃	**4** 기온

1 꺾은선그래프에서 선분의 기울어진 정도가 가장 큰 때는 키의 차가 가장 큰 때입니다.
$121-119=2(cm)$, $127-121=6(cm)$,
$132-127=5(cm)$, $135-132=3(cm)$,
$143-135=8(cm)$이므로 10살과 11살 사이에 키의 차가 8 cm로 키가 가장 많이 컸습니다.

2 오전 7시와 8시의 중간인 오전 7시 30분의 체온은 37.0 ℃와 37.8 ℃의 중간인 약 37.4 ℃입니다.
따라서 오전 7시와 7시 30분의 중간인 오전 7시 15분의 체온은 37.0 ℃와 37.4 ℃의 중간인 약 37.2 ℃입니다.

3 물이 가장 많이 샐 때는 선분이 오른쪽 위로 기울어진 정도가 가장 큰 오후 2시와 3시 사이입니다.
세로의 눈금 5칸이 1 L를 나타내므로 세로의 눈금 한 칸의 크기는 0.2 L입니다.
오후 3시까지 샌 물의 양은 2.4 L이고 오후 2시까지 샌 물의 양은 1.6 L이므로 물은 한 시간 동안 최대 $2.4-1.6=0.8(L)$ 샜습니다.

4 일주일 동안의 공책 판매량은 $13+18+12+16+21+20+17=117$(권)입니다.
따라서 공책 한 권에 750원이므로 일주일 동안 판 공책값은 $117×750=87750$(원)입니다.

5
버스가 간 거리

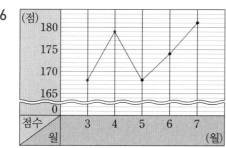

시간(분)	5	10	15	20
거리(km)	4	8	12	16

버스는 5분에 4 km를 가고 35분은 5분씩 $35÷5=7$(번)입니다.
따라서 버스가 35분 동안 가는 거리는 $4×7=28(km)$입니다.

6
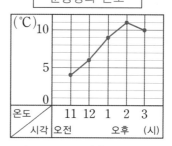

5월과 6월의 수학 점수는 각각

$168-90=78$(점), $174-84=90$(점)이므로 7월의 수학 점수는 $425-(83+87+78+90)=87$(점)입니다. 7월의 국어 점수는 $181-87=94$(점)이므로 4월의 국어 점수는 $445-(85+90+84+94)=92$(점)입니다.
3월과 4월의 월별 합계 점수는 168점과 179점입니다.

7 그래프에서 선분의 기울어진 정도가 가장 심한 때를 찾으면 2분과 3분 사이입니다.
따라서 우유가 가장 많이 흘러나온 때는 2분과 3분 사이입니다.

8 세로 눈금 한 칸은 $10÷5=2(L)$를 나타냅니다.
따라서 2분과 3분 사이 우유는 $2×6=12(L)$ 흘러나왔습니다.

9 오전 11시까지 받은 물의 높이 : 1 mm
오후 3시까지 받은 물의 높이 : 3 mm
따라서 오전 11시부터 오후 3시까지 내린 비의 양은 $3-1=2(mm)$입니다.

10 꺾은선그래프에서 선분의 기울기의 변화가 없을 때와 가장 클 때를 각각 찾아봅니다.

11

운동장의 온도

3시 온도인 10℃보다 내려갈 것입니다.

13 사과 판매량이 줄어든 해는 2016년이고 2015년에 440상자에서 2016년에 390상자로 50상자가 줄어들었으므로 사과를 팔아서 받은 돈은 $50×28000=1400000$(원) 줄었습니다.

14 두 그래프가 만나는 때를 찾아보면 가로 눈금이 10살과 11살 사이, 12살과 13살 사이, 13살과 14살 사이입니다.
따라서 두 사람의 몸무게가 같았던 때는 모두 3번입니다.

15 그래프에서 규형이는 중간에 30분+15분=45분을 쉬었으므로 집에서 할머니 댁까지 다녀오는 데 자전거만을 탄 시간은

2시간 15분－45분＝90(분)입니다.

16 꺾은선그래프에서 선분의 기울기의 변화가 더 큰 것은 기온입니다.

17 기온과 수온의 간격이 가장 많이 벌어진 달은 8월 1일이고 그때의 온도 차는
30－16.5＝13.5(℃)입니다.

18 기온과 수온의 간격이 가장 적게 벌어진 달은 기온과 수온의 차가 0인 10월 1일입니다.

19   (나) 연준이의 몸무게

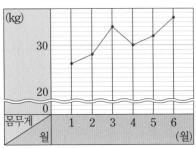

(가) 그래프에서 세로의 눈금 5칸이 10 kg을 나타내므로 세로의 눈금 한 칸의 크기는 10÷5＝2(kg)입니다. (가) 그래프를 표로 나타내면 다음과 같습니다.

월	1	2	3	4	5	6
몸무게(kg)	26	28	34	30	32	36

20 처음 100 g을 달았을 때 5 cm이고 추의 무게가 100 g씩 늘어날 때마다 용수철의 길이는 3 cm씩 늘어납니다. 2 kg＝2000 g이므로 100 g에서 2000 g까지는 2000－100＝1900(g) 차이가 나고 1900은 100이 19번 있으므로 2 kg의 추를 달면 용수철의 길이는 100 g의 추를 달았을 때의 길이 5 cm에 3×19＝57(cm)를 더한 길이인 5＋57＝62(cm)입니다.

21 두 사람의 키를 예상하여 표를 만들어 보면

나이(살)	6	7	8	9	10	11	12
주성이의 키(cm)	110	116	122	128	134	140	146
서경이의 키(cm)	116	122	126	132	136	142	146

따라서 주성이와 서경이의 키가 같아지는 때는 12살이라고 예상할 수 있습니다.

 **Jump 4 왕중왕문제**   120~125쪽

1 (1) 2분   (2) 9분
2 (1) 252 m   (2) 4 m
　(3) 70, 105
3 (1) 형 : 120 m, 동생 : 80 m
　(2) 18   (3) 400
4 84점
5 (1) 10 cm   (2) 8 cm
　(3) 7.5초 후   (4) $4\frac{4}{9}$초$(=4\frac{8}{18}$초$)$ 후
6 풀이 참조
7 (1) 700 m   (2) 16
　(3) 21
8 (1) 24분
　(2) 자전거 : 18 km, 버스 : 40 km
　(3) 11시 54분
9 18장   **10** 25분
11 풀이 참조   **12** 17개
13 목요일   **14** 21분

1 (2) 수도꼭지를 2개 사용하는 구간에서는 1분에 4 cm 높이 만큼씩 물이 찹니다.
2＋(32－4)÷4＝9분

2 (1) 6×42＝252(m)
(2) 동민이와 효근이 집 사이의 거리는 420 m이므로 효근이는 42초 동안
420－252＝168(m) 갔습니다.
따라서 (420－252)÷42＝4(m)
(3) 동민이가 효근이보다 더 빠르므로 ㉠은 동민이가 효근이 집에 도착할 때까지 걸린 시간을 나타내고, ㉡은 효근이가 동민이 집에 도착할 때까지 걸린 시간을 나타냅니다.
따라서 ㉠＝420÷6＝70(초),
㉡＝420÷4＝105(초)

3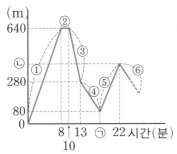

(1) 그래프를 6구간으로 나누어 생각해 보면
① 동생 혼자 걷고 있습니다. (8분 동안)
② 동생이 쉬고 있습니다. (2분 동안)
③ 동생은 쉬고 형이 뒤따라 걷고 있습니다. (3분 동안)
④ 동생도 걷고 형이 뒤따르고 있습니다.
⑤ 형은 쉬고 동생은 걷고 있습니다.
⑥ 동생도 걷고 형이 뒤따르고 있습니다.
동생은 1분에 $640 \div 8 = 80(m)$, 형은 1분에 $(640 - 280) \div 3 = 120(m)$ 빠르기입니다.

(2) ④ 구간에서 걸린 시간은
$(280 - 80) \div (120 - 80) = 5(분)$이므로
㉠$= 8 + 2 + 3 + 5 = 18(분)$입니다.

(3) ㉡$= 80 + 80 \times (22 - 18) = 400(m)$

4 세로의 작은 눈금 한 칸의 크기는
$(80 - 70) \div 5 = 2(점)$입니다.
3월에는 80점, 4월에는 74점, 5월에는 84점,
6월에는 86점, 7월에는 96점이므로
$(평균) = (80 + 74 + 84 + 86 + 96) \div 5$
$= 420 \div 5 = 84(점)$입니다.

5 (1) 점 P가 1초 동안 움직인 거리는
$40 \div 4 = 10(cm)$입니다.

(2) 점 Q가 1초 동안 움직인 거리는
$40 \div 5 = 8(cm)$입니다.

(3) 점 ㄱ을 출발한 지 5초 후 두 점 사이의 거리가 10 cm이므로 15 cm가 되려면 5 cm의 차가 더 벌어져야 합니다.
따라서 5 cm 차가 벌어지는 데 걸리는 시간은 2.5초이므로 $5 + 2.5 = 7.5(초)$ 후입니다.

(4) 점 P와 점 Q가 처음으로 만나는 것은 점 P와 점 Q의 움직인 거리의 합이 80 cm일 때입니다. 따라서 점 ㄱ을 출발한 지
$80 \div (10 + 8) = \frac{80}{18}(초) = 4\frac{8}{18}(초) = 4\frac{4}{9}(초)$
후입니다.

6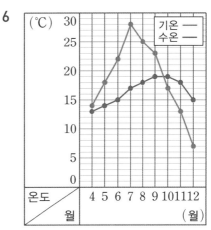

㉤ 8월 1일은 25℃, 9월 1일은 23℃, 10월 1일은 17℃이므로 11월 1일과 12월 1일의 기온의 합은 $17 \times 5 - (25 + 23 + 17) = 20(℃)$입니다.

㉥ 11월 1일과 12월 1일의 수온의 차는 3℃이므로 기온의 차는 6℃이어야 합니다.
따라서 11월 1일의 기온은
$(20 + 6) \div 2 = 13(℃)$이고
12월 1일의 기온은 $13 - 6 = 7(℃)$입니다.

7 (1) $70 \times 10 = 700(m)$

(2) $(1000 - 700) \div 50 + 10 = 16$

(3) $(1600 - 1000) \div (70 + 50) + 16 = 21$

8 (1) 1칸에 12분씩이므로 $2 \times 12 = 24(분)$입니다.

(2) 버스의 1시간당 빠르기:
: $(90 - 18) \div 9 \times 5 = 40(km)$

(3) C마을에 버스로 도착한 시각은 12시 12분이고, 버스로 40 km 가는데 60분 걸리므로 12 km를 가는데 걸린 시간은 18분이 되어 버스가 학교 앞을 통과한 시각은 12시 12분 − 18분 = 11시 54분입니다.

9 선분이 아래로 내려간 달은 기록이 단축된 것입니다. 세로의 눈금 2칸이 1초를 나타내므로 세로의 눈금 한 칸의 크기는
$1 \div 2 = \frac{1}{2} = \frac{5}{10} = 0.5(초)$입니다.
얻게 되는 붙임 딱지 수는 4월에 2장, 5월에 4장, 7월에 4장, 8월에 4장이고 잃게 되는 붙임 딱지 수는 6월에 1장입니다.
따라서 8월까지 모은 붙임 딱지는
$5 + (2 + 4 + 4 + 4) - 1 = 18(장)$입니다.

10 처음에 ㉮ 수도만을 사용하여 5분 동안 20 L의 물이 채워졌으므로 ㉮ 수도에서는 1분에 20÷5＝4(L)의 물이 나옵니다. ㉮와 ㉯ 수도를 모두 사용하여 20－5＝15(분) 동안 200－20＝180(L)의 물이 채워졌으므로 1분에 180÷15＝12(L)의 물이 나옵니다. ㉯ 수도에서는 1분에 12－4＝8(L)의 물이 나오므로 처음부터 ㉯ 수도만을 사용하여 들이가 200 L인 물통을 가득 채우려면 200÷8＝25(분)이 걸립니다.

11

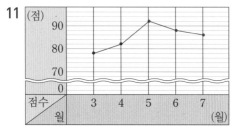

6월의 수학 점수를 □점이라 하면, 5월의 수학 점수는 (□＋4)점이고 7월의 수학 점수는 (□－2)점이므로
(□＋4)＋□＋(□－2)＝426－(78＋82),
□＋□＋□＝264, □＝88입니다.
따라서 5월의 수학 점수는 88＋4＝92(점),
7월의 수학 점수는 88－2＝86(점)입니다.

12 10일에 판 우유를 □개라고 하면
(29＋25＋□)×1300＝92300,
54＋□＝71, □＝17
따라서 10일에 판 우유는 17개입니다.

13 일주일 동안 넘은 줄넘기 횟수가 862회이므로
(목요일)＝862－(106＋120＋128＋110
＋146＋120)
＝862－730＝132(회)입니다.
따라서 줄넘기 횟수가 가장 많이 증가한 때는 목요일입니다.

14 4분 동안 넣은 물의 양이 24 L이므로 1분 동안 24÷4＝6(L)씩 넣은 것입니다. 8분 이후에 수조의 바닥을 막았으므로 8분 이후에
90－12＝78(L)의 물을 넣어야 합니다.
따라서 78÷6＝13(분)이 걸리므로 처음부터 물을 가득 채우는데 걸린 시간은
8＋13＝21(분)입니다.

Jump 5 영재교육원 입시대비문제　126쪽

| 1 | 10분 | 2 | ㉠ : 48, ㉡ : 72 |

1 나 수도꼭지로 5분 동안 10 L를 빼내므로 1분 동안 10÷5＝2(L)를 빼냅니다.
나 수도꼭지로 계속 물을 빼내면서 동시에 3분 동안 가 수도꼭지로 물을 넣었으므로 가 수도꼭지로 1분 동안 넣는 물의 양은
(16－10)÷3＋2＝4(L)입니다.
따라서 가 수도꼭지로 40 L의 물을 모두 채우려면 40÷4＝10(분)이 걸립니다.

2

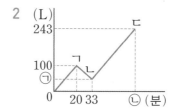

위 그래프에서 처음부터 ㄱ지점까지 100 L의 물이 20분 동안 들어 갔으므로
1분에 100÷20＝5(L)씩 들어간 것입니다.
ㄱㄴ구간에서는 물을 넣으면서 동시에 1분에 9 L씩 빼냈으므로 1분에 9－5＝4(L)씩 줄어든 셈입니다.
따라서 줄어든 물의 양은 4×13＝52(L)이므로 ㉠＝100－52＝48이고 ㄴㄷ구간에서 물을 넣는 데 걸린 시간은 (243－48)÷5＝39(분)이므로 ㉡＝33＋39＝72입니다.

6 다각형

1 ㅁ
2 ㄴ, ㄷ, ㅇ, ㅈ
3 정육각형
4 ㄷ, ㅅ

1 ㅁ은 곡선이 있는 도형이므로 다각형이 아닙니다.

3 6개의 선분으로 둘러싸인 정다각형입니다.

4 변이 5개인 도형을 찾습니다.

핵심응용 풀이 180, 180, 1080, 4, 4, 720, 1080, 720, 360

답 360°

확인 1 12°　　2 정팔각형

1 정오각형의 한 각의 크기는
(180°×3)÷5＝108°이고
정육각형의 한 각의 크기는
(180°×4)÷6＝120°입니다.
삼각형 ㅊㄷㄹ과 삼각형 ㅁㅊㅈ에서
(각 ㄷㅊㄹ)＝(각 ㅁㅊㅈ)이므로
(각 ㅊㄷㄹ)＋(각 ㄷㄹㅊ)
＝(각 ㅈㅁㅊ)＋(각 ㅁㅈㅊ)입니다.
따라서 (각 ㅊㄷㄹ)－(각 ㅁㅈㅊ)
＝120°－108°＝12°입니다.

2 (정육각형의 둘레)＝6×6＝36(cm)이고 한 변의 길이가 5 cm인 정□각형을 만들었다면,
(정□각형의 둘레)＝(5×□)cm입니다.
(정육각형의 둘레)＋(정□각형의 둘레)＋5
＝81, 36＋5×□＋5＝81, 5×□＝40,
□＝8
따라서 한 변의 길이가 5 cm인 정다각형은 정팔각형입니다.

1 ㄱ
2 (1) 2개　　(2) 0개
　(3) 5개
3 (1) 나, 다　　(2) 가, 나, 마
4 9개

2 (2) 삼각형은 이웃하지 않은 두 꼭짓점이 없으므로 대각선을 그을 수 없습니다.

3 (1) 대각선이 서로 수직인 사각형은 마름모와 정사각형입니다.
　(2) 대각선의 길이가 같은 사각형은 직사각형과 정사각형입니다.

4 6×(6－3)÷2＝9(개)

핵심응용 풀이 130, 25, 25

답 25°

확인 1 64 cm　　2 3.5 cm
3 정십각형

1 원의 반지름은 16 cm이므로 원의 지름은 32 cm입니다.
직사각형의 ㄱㄴㄷㄹ의 한 대각선의 길이는 원의 지름의 길이와 같으므로
두 대각선의 길이의 합은 32＋32＝64(cm)입니다.

2 (변 ㄱㄴ)＝(변 ㄴㄷ)이므로 (각 ㄴㄱㄷ)＝(각 ㄴㄷㄱ)＝(180°－60°)÷2＝60°입니다.
삼각형 ㄱㄴㄷ은 세 각이 모두 60°이므로 정삼각형이고 마름모의 대각선은 서로를 반으로 나누므로 선분 ㄱㅁ의 길이는 7 cm의 반인 3.5 cm입니다.

3 정●각형의 대각선의 개수는
●×(●－3)÷2＝35, ●×(●－3)＝70

에서 $10 \times 7 = 70$이므로 ●$=10$입니다.
따라서 대각선의 수가 35개인 정다각형은 정십
각형입니다.

Jump❶ 핵심알기   132쪽

1 풀이 참조   2 풀이 참조

예	녹색 삼각형	파란색 평행사변형	빨간색 사다리꼴	노란색 육각형
방법 1	12			
방법 2		6		
방법 3	6			1
방법 4	3		3	
방법 5	4	4		
방법 6	2	2	2	

1 예 방법 2와 같이 녹색 삼각형 블록을 사용하지
   않고도 별 모양을 만들 수 있습니다.

2 예 녹색 삼각형 블록 5개, 파란색 평행사변형
   블록 2개, 빨간색 사다리꼴 블록 1개를 사용
   하여 만들 수 있습니다.

Jump❷ 핵심응용하기   133쪽

핵심응용 풀이 2, 9
       답 9가지
확인 1 풀이 참조

1
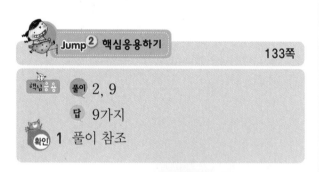

Jump❸ 왕문제   134~139쪽

1 45개	2 108°
3 3가지	4 3240°
5 6개	6 18 cm
7 18 cm	8 ㉠ : 72°, ㉡ : 36°
9 72 cm	10 6
11 54 cm	12 0°
13 정사각형	14 풀이 참조

15 6쌍
16 60°, 90°, 108°, 120°, 135°
17 정삼각형 1개, 정사각형 2개, 정육각형 1개
18 풀이 참조

1 (정십이각형의 대각선 수)
   $=(12-3) \times 12 \div 2 = 54$(개)
   (정육각형의 대각선 수)
   $=(6-3) \times 6 \div 2 = 9$(개)
   따라서 $54-9=45$(개) 더 많습니다.

2 (정오각형의 다섯 각의 크기의 합)
   $=180° \times 3 = 540°$이므로
   (정오각형의 한 각의 크기)
   $=540° \div 5 = 108°$입니다.
   (변 ㄱㄴ)$=$(변 ㄴㄷ)이므로 삼각형 ㄱㄴㄷ은 이
   등변삼각형입니다.
   (각 ㄴㄱㄷ)$=$(각 ㄱㄷㄴ)
            $=(180°-108°) \div 2 = 36°$
   같은 방법으로 구해 보면 (각 ㄱㄴㅁ)$=36°$이므
   로 ㉠$=180°-36°-36°=108°$입니다.

3 정삼각형 블록 3개를 붙이는 방법은 △▽△ 로
   1가지입니다.
   여기에 남은 1개를 붙이는 방법을 생각해봅니다.

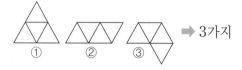

   ① ② ③ ➡ 3가지

4 대각선의 개수가 170개인 정다각형을 ■각형이
   라고 하면 $\dfrac{■ \times (■-3)}{2} = 170$, ■$=20$, 정이
   십각형은 삼각형 18개로 나눌 수 있으므로 정이
   십각형의 이십 각의 크기의 합은

$180°×18＝3240°$입니다.

5 직사각형을 늘어놓아 만들 수 있는 가장 작은 정사각형은 한 변이 12 cm인 정사각형입니다. 따라서 가로에 $12÷6＝2$(개), 세로에 $12÷4＝3$(개)로 빈틈없이 덮을 수 있으므로 직사각형 모양 조각은 적어도 $2×3＝6$(개) 필요합니다.

6 사각형을 만들 수 있는 방법은 다음과 같고 네 변의 길이의 합을 각각 구하면

$(4＋3)×2$
$＝14\,(cm)$

$(5＋3)×2$
$＝16\,(cm)$

$(4＋5)×2$
$＝18\,(cm)$

따라서 네 변의 길이의 합이 가장 크게 되는 평행사변형의 네 변의 길이의 합은 18 cm입니다.

7 ㉠의 길이는 15 cm의 $\frac{2}{5}$인 6 cm이고, ㉡의 길이는 15 cm의 $\frac{4}{5}$인 12 cm입니다.

㉠과 ㉡의 길이의 합은 $6＋12＝18(cm)$입니다.

8 정오각형의 다섯 각의 크기의 합은 $180°×3＝540°$이고 정오각형의 한 각의 크기는 $540°÷5＝108°$입니다.

삼각형 ㄱㄴㅁ과 삼각형 ㄴㄷㄹ은 이등변삼각형이므로 (각 ㄱㄴㅁ)＝(각 ㄷㄴㄹ)
$＝(180°－108°)÷2＝36°$입니다.

따라서 ㉡$＝108°－36°－36°＝36°$이므로 삼각형 ㄱㄴㄹ에서 (각 ㄴㄹㄱ)$＝36°$이고,
㉠$＝(180°－36°)÷2＝72°$입니다.

9 둘레의 길이가 가장 짧을 때는 긴 변끼리 맞닿게 놓일 때입니다.
따라서 가장 짧은 둘레의 길이는 $(15×2)＋(7×6)＝30＋42＝72$ (cm)입니다.

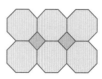

10 삼각형 ㄹㅂㄴ과 삼각형 ㄹㄱㄴ은 모양과 크기가 같은 직각삼각형이므로
(각 ㅂㄹㄴ)＝(각 ㄱㄹㄴ)$＝30°$이고,
(각 ㄹㄴㅁ)$＝90°－60°＝30°$입니다.
삼각형 ㄴㅁㄹ은 이등변삼각형이고, 각 ㅁㄹㄷ

은 $90°－30°×2＝30°$이므로 삼각형 ㄹㅁㄷ은 세 각의 크기가 $30°$, $60°$, $90°$인 직각삼각형입니다.
따라서 선분 ㄹㅁ의 길이는 선분 ㅁㄷ의 길이의 2배이므로 선분 ㅁㄷ의 길이는 $12÷2＝6$ (cm)입니다.

11 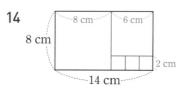 정육각형은 정삼각형 6개로 이루어진 도형이고, 삼각형 ㄱ~ㅂ은 같은 크기의 정삼각형입니다.
따라서 삼각형 ㄱ~ㅂ의 둘레의 길이의 총합은 $(18÷6)×3×6＝54(cm)$입니다.

12 정육각형의 여섯 각의 크기의 합은 삼각형 네 개의 각의 크기의 합과 같으므로
$180°×4＝720°$이고 한 각의 크기는 $720°÷6＝120°$입니다.
따라서 ㉠＝㉡＝㉢＝㉣$＝180°－120°＝60°$이므로 (㉠＋㉡＋㉢＋㉣)$＝60°×4＝240°$이고 (㉤＋㉥)$＝120°×2＝240°$입니다.
따라서 (㉠＋㉡＋㉢＋㉣)－(㉤＋㉥)
$＝240°－240°＝0°$입니다.

13 정팔각형의 한 각의 크기는 $180°×(8－2)÷8＝135°$이므로 다음 그림과 같이 정팔각형과 정사각형을 이용하여 바닥을 빈틈없이 덮을 수 있습니다.

정팔각형의 두 각의 크기의 합은 $135°×2＝270°$입니다.
따라서 바닥을 빈틈없이 덮기 위해서는 각도의 합이 $360°$이어야 하고 $360°－270°＝90°$이므로 한 각의 크기가 $90°$인 정사각형을 사용하여야 합니다.

14

직사각형의 가로가 14 cm, 세로가 8 cm이므

로 한 변이 8 cm인 정사각형을 만들고 남은 사각형에서 가로가 $14-8=6\,(\text{cm})$, 세로가 8 cm이므로 한 변이 6 cm인 정사각형을 만든 후 나머지로 한 변이 2 cm인 정사각형을 3개 만듭니다.

15 두 대각선이 직각으로 만나는 것을 모두 표시해 보면 오른쪽 그림과 같으므로 모두 6쌍입니다.

16 정오각형은 삼각형 3개로 나눌 수 있으므로 정오각형의 한 각의 크기는
$(180° \times 3) \div 5 = 108°$,
정육각형은 삼각형 4개로 나눌 수 있으므로 정육각형의 한 각의 크기는
$(180° \times 4) \div 6 = 120°$,
정팔각형은 삼각형 6개로 나눌 수 있으므로 정팔각형의 한 각의 크기는
$(180° \times 6) \div 8 = 135°$입니다.

17 $60° + 90° + 90° + 120° = 360°$이므로 정삼각형은 1개, 정사각형은 2개, 정육각형은 1개 붙일 때입니다.

18 예)

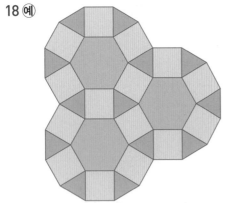
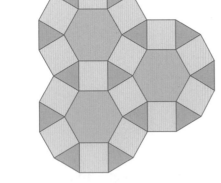

Jump 4 왕중왕문제

140~145쪽

1 30개	2 14개
3 직각삼각형, 사다리꼴, 오각형, 직사각형	
4 144°	5 48장
6 28°	7 540°
8 1080°	9 55°

10 216°	11 방법 5
12 5가지	13 15가지
14 39개	15 160°
16 ①, ③, ⑤	17 4가지
18 풀이 참조	

1 만들 수 있는 정다각형은 정삼각형, 정육각형입니다.
작은 정삼각형 1개로 이루어진 정삼각형은 16개
작은 정삼각형 4개로 이루어진 정삼각형은 7개
작은 정삼각형 9개로 이루어진 정삼각형은 3개 ⎤ 30개
작은 정삼각형 16개로 이루어진 정삼각형은 1개
작은 정삼각형 6개로 이루어진 정육각형은 3개

2 마름모는 네 변의 길이가 모두 같습니다.
가운데 □, ◇ : 2개, 바깥 ▱ : 8개,

큰 마름모 ▱ : 4개
따라서 $2+8+4=14$(개)입니다.

3
직각삼각형 사다리꼴 오각형 직사각형

4 그을 수 있는 대각선의 개수가 35개인 정다각형을 ■각형이라고 하면 $\dfrac{■×(■-3)}{2}=35$, ■=10
정십각형은 삼각형 8개로 나눌 수 있으므로 정십각형의 열 각의 크기의 합은
$180° \times 8 = 1440°$이며 한 각의 크기는
$1440° \div 10 = 144°$입니다.

5 색종이 4장을 이용하여 오른쪽 그림과 같이 한 변이 4 cm인 정사각형을 만들 수 있습니다. 4 cm 4 cm
$16 \div 4 = 4$, $12 \div 4 = 3$이므로 오른쪽과 같은

42 수학 4-2

사각형 $4 \times 3 = 12$(개)로 주어진 직사각형을 빈틈없이 덮을 수 있습니다.

따라서 직각삼각형 모양의 색종이는 모두 $4 \times 12 = 48$(장) 필요합니다.

6 정오각형은 삼각형 3개로 나눌 수 있으므로 정오각형의 한 각의 크기는 $(180° \times 3) \div 5 = 108°$이고, 정육각형은 삼각형 4개로 나눌 수 있으므로 정육각형의 한 각의 크기는 $(180° \times 4) \div 6 = 120°$입니다.

삼각형 ㅁㅊㅈ에서

(각 ㅁㅊㅈ)$= 180° - 16° - 120° = 44°$이고

마주 보는 각의 크기는 서로 같으므로

(각 ㅋㅊㄹ)$=$ (각 ㅁㅊㅈ)$= 44°$입니다.

따라서 삼각형 ㅋㄹㅊ에서

(각 ㅊㅋㄹ)$= 180° - 44° - 108° = 28°$입니다.

7 오른쪽과 같이 선을 이어 오각형을 만들면

$㉣ + ㉤ + ● = 180°$이고

$★ + ♥ + ● = 180°$이므로

$㉣ + ㉤ + ● = ★ + ♥ + ●$

입니다.

따라서 $㉣ + ㉤ = ★ + ♥$입니다.

오각형의 다섯 각의 크기의 합은 $180° \times 3 = 540°$이므로 $㉠ + ㉡ + ㉢ + ★ + ♥ + ㉻ + ㉼ = ㉠ + ㉡ + ㉢ + ㉣ + ㉤ + ㉻ + ㉼ = 540°$입니다.

8 오른쪽과 같이 선을 이어 팔각형을 만들면

$㉠ + ㉡ + ㉢ + ㉣ + ㉤ + ㉻ + ㉼ + ㉽ + ㉾ + ㉿ + ㋀ + ㋁$

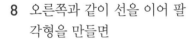

$=$(팔각형의 여덟 각의 크기의 합)$-$(사각형의 네 각의 크기의 합)$+$(삼각형의 세 각의 크기의 합)$+$(삼각형의 세 각의 크기의 합)

$= 180° \times 6 - 360° + 180° + 180° = 1080°$입니다.

9 사각형 ㄱㄴㄷㄹ은 평행사변형이므로

(각 ㄴㄷㄹ)$= (360° - 65° - 65°) \div 2 = 115°$이고, 삼각형 ㄱㄴㄷ은 이등변삼각형이므로

(각 ㄱㄴㄷ)$= 65°$입니다.

따라서 $㉠ = 115° - 65° = 50°$입니다.

또한 변 ㄱㄹ과 변 ㄴㄷ은 평행하므로

(각 ㄹㄱㄷ)$=$ (각 ㄱㄷㄴ)$= 65°$이고, 삼각형 ㄱㄷㅂ은 정삼각형이므로 $㉡ = 65° - 60° = 5°$입니다.

따라서 $㉠ + ㉡ = 50° + 5° = 55°$입니다.

10 정오각형은 세 개의 삼각형으로 이루어져 있으므로 정오각형 다섯 각의 크기의 합은 $180° \times 3 = 540°$이고 정오각형의 한 내각의 크기는 $540° \div 5 = 108°$입니다.

$㉠ = (180° - 108°) \div 2 = 36°$,

$㉡ = 180° - 36° \times 2 = 108°$

$㉢ = (180° - 36°) \div 2 = 72°$

➡ $㉠ + ㉡ + ㉢ = 36° + 108° + 72° = 216°$

11 이 문제를 해결하는 전략은 각각의 블록을 다른 블록으로 바꾸는 방법을 생각하면 쉽게 해결할 수 있습니다.

(노란색 블록)$=$(빨간색 블록 2개),

(빨간색 블록)$=$(파란색 블록)$+$(녹색 블록)

방법 5에서 주황색 블록 2개와 회색 블록 3개를 사용하여 노란색 블록 1개를 만들 수 없으므로 도형을 만들 수 없습니다.

12 6개의 블록에서 찾을 수 있는 각들은 $30°$, $60°$, $90°$, $120°$, $150°$입니다. 이 각들의 합과 차를 이용해서 만들 수 있는 각들은 $30°$, $60°$, $90°$, $120°$, $150°$로 5가지입니다.

13

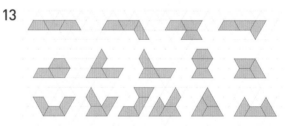

14 삼각형 2개로 이루어진 평행사변형의 개수 : 4개,

삼각형 4개로 이루어진 평행사변형의 개수 :

$5 + 4 + 4 = 13$(개)

삼각형 8개로 이루어진 평행사변형의 개수 :

$4 + 3 + 3 = 10$(개),

삼각형 12개로 이루어진 평행사변형의 개수 :

$3 + 2 + 2 = 7$(개)

삼각형 16개로 이루어진 평행사변형의 개수 :

$2 + 1 + 1 = 4$(개),

삼각형 20개로 이루어진 평행사변형의 개수 : 1개

따라서 크고 작은 평행사변형은
4＋13＋10＋7＋4＋1＝39(개)

15 오각형에서 5개의 각의 합은 180°×3＝540°
입니다. (각 ㄴㄱㅁ)＝180°－60°＝120°,
(각 ㄱㄴㄷ)＝180°－80°＝100°,
(각 ㄷㄹㅁ)＝180°－60°＝120°이므로
(각 ㄹㅁㄱ)＋(각 ㄴㄷㄹ)
＝540°－(120°＋100°＋120°)＝200°입니다.
따라서 ㉠＋㉡＝180°×2－200°＝160°입니다.

16
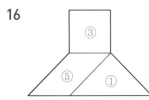

각 도형을 먼저 가장 작은 조각으로 나눈 후 알
아봅니다.

17 가장 작은 삼각형의 넓이를 1이라 하면
넓이가 2인 정사각형 (②＋④),
넓이가 4인 정사각형 (①＋②＋④)
넓이가 8인 정사각형 (⑥＋⑦),
넓이가 16인 정사각형
(①＋②＋③＋④＋⑤＋⑥＋⑦)로 모두 4가
지를 만들 수 있습니다.

18

	㉠		㉡		㉢		㉣		㉤

정오각형의 한 내각의 크기는 540°÷5＝108°
이므로 ㉠＝360°－90°－108°＝162°입니다.
정육각형의 한 내각의 크기는 720°÷6＝120°
이므로 ㉡＝120°입니다.
㉢＝360°－120°－90°＝150°이고
㉣＝360°－108°－120°＝132°입니다.
따라서 ㉠＋㉢＝162°＋150°＝312°이고
㉡＋㉣＝120°＋132°＝252°이므로
(㉠＋㉢)－(㉡＋㉣)＝312°－252°＝60°입니다.

2
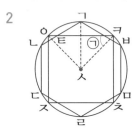

정사각형 ㅇㅈㅊㅋ에서 삼각형 ㅇㅅㅋ은 직각
이등변삼각형이므로
각 ㄱㅅㅋ은 90÷2＝45°이고 각 ㄴㄱㅂ이
120°이므로
각 ㅅㄱㅂ은 120÷2＝60°입니다.
따라서 ㉠은 180°－45°－60°＝75°입니다.

Jump⑤ 영재교육원 입시대비문제   146쪽

1 60°	2 75°

1

동영상강의 QR코드

1 분수의 덧셈과 뺄셈

Jump ③ 왕문제

1	2	3	4	5	6

7	8	9	10	11	12

13	14	15	16	17	18

Jump ④ 왕중왕문제

1	2	3	4	5	6

7	8	9	10	11	12

13	14	15	16	17	18

동영상강의 QR코드

1   2

2 삼각형

1	2	3	4	5	6

7	8	9	10	11	12

13	14	15	16	17	18

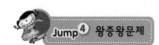

1	2	3	4	5	6

동영상강의 QR코드

7	8	9	10	11	12

13	14	15	16	17	18

Jump 5 영재교육원 입시대비문제

1	2

3 소수의 덧셈과 뺄셈

Jump 3 왕문제

1	2	3	4	5	6

7	8	9	10	11	12

13	14	15	16	17	18

동영상강의 QR코드

1

2

3

4

5

6

7

8

9

10

11

12

13

14

15

16

17

18

1

2

4 사각형

1

2

3

4

5

6

동영상강의 QR코드

Jump 4 왕중왕문제

1	2	3	4	5	6

7	8	9	10	11	12

13	14	15	16	17	18

Jump 5 영재교육원 입시대비문제

1

5 꺾은선그래프

1	2	3	4	5	6

7	8	9	10	11	12

13	14	15	16	17	18

19	20	21
		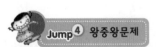

1	2	3	4	5	6

7	8	9	10	11	12

동영상강의 QR코드

13

14

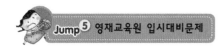
Jump 5 영재교육원 입시대비문제

1

2

6 다각형

Jump 3 왕문제

1

2

3

4

5

6

7

8

9

10

11

12

13

14

15

16

17

18

동영상강의 QR코드

Jump④ 왕중왕문제

1	2	3	4	5	6

7	8	9	10	11	12

13	14	15	16	17	18

Jump⑤ 영재교육원 입시대비문제

1	2

정답과
풀이

4·2

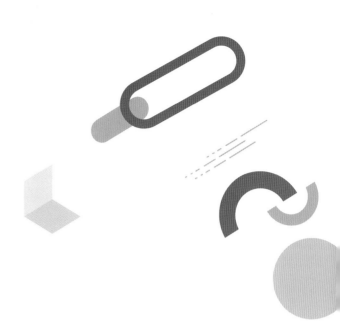

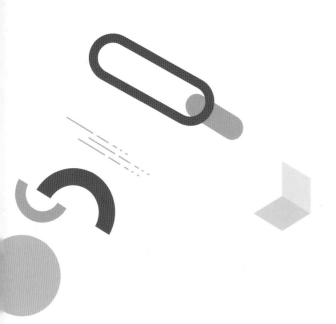